JN132939

アルゴリズム理論の基礎

宮崎 修一 著

ALGORITHM

森北出版株式会社

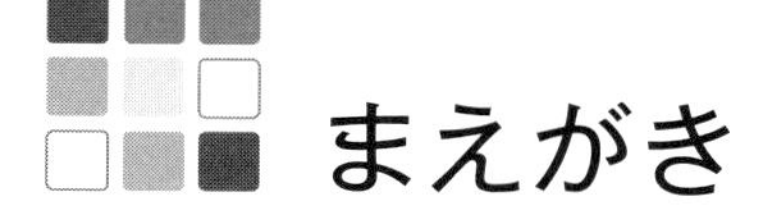

まえがき

筆者は平成 23 年度から現在まで，京都大学の全学共通科目「アルゴリズム入門」を担当している．全学共通科目とはいわゆる一般教養科目であり，所属学部を問わず受講でき，学部 1 回生が主な受講者である．したがって，高校生程度の知識しか仮定せず，文系理系を問わず無理なく学習できるよう基礎から説明している．また教養科目という立場から，アルゴリズムとはどういうものか，背後にある数理的な考え方，大学における学問の面白さなどをフレッシュな学生に感じ取ってもらうことを目的とし，魅力的かつ幅広い内容を含めている．本書はトピックを多少追加削除はしたものの，講義内容をほぼそのまま書籍化したものである．

第 1 章ではアルゴリズムとは何か，そしてアルゴリズムの計算時間について説明する．第 2 章では計算機科学で重要な役割を果たすグラフについて，本書を読み進めるにあたって必要となる基礎事項を説明するとともに，第 1 章で触れた計算問題についての分類を行う．第 3 章から第 6 章では，多くの問題に適用可能なアルゴリズム設計技法のうち，代表的な分割統治法，貪欲法，局所探索法，動的計画法を紹介する．第 7 章では問題の困難性の解析手法，特に NP 完全性の理論について概説する．最後に第 8 章から第 10 章では，アルゴリズムの評価尺度やモデルを改変した発展的なトピックを紹介する．具体的には，第 8 章では必ずしも最適解を求めなくてよい近似アルゴリズム，第 9 章ではアルゴリズムの動作選択に乱数を使う乱択アルゴリズム，第 10 章ではリアルタイムに入力を処理するオンラインアルゴリズムを紹介する．

本書は単なるアルゴリズムの紹介にとどまらず，アルゴリズムの性能解析や問題の困難性など，理論的，数学的な内容を少なからず含んでいる．数学というからにはもちろん厳密さが命であるが，細部に拘り過ぎて難解なものになってしまってもいけない．入門書という立場上，厳密さよりもわかりやすさを優先したほうがよいと考え，講義と同様に図や例を多用して，直感的に何をしているかが初心者にも理解できるように（かといって，正確性はできるだけ損なわないように）説明したつもりである．本書は一般書と専門書の中間あたりに位置しており，一般教養向けとして書いてはいるものの，情報学や計算機科学の学生がアルゴリズム理論の専門書を参照する際の導入としても十分に役立つものだと考えている．

最後に，森北出版株式会社の富井晃氏および植田朝美氏に感謝申し上げる．本書を執筆するにあたって，両氏には企画の立案から編集，校正作業に至るまで，全般にわたって有益な助言を数多く頂いた．そのおかげで，本書の質を大幅に向上させることができた．

2019 年 6 月

宮崎修一

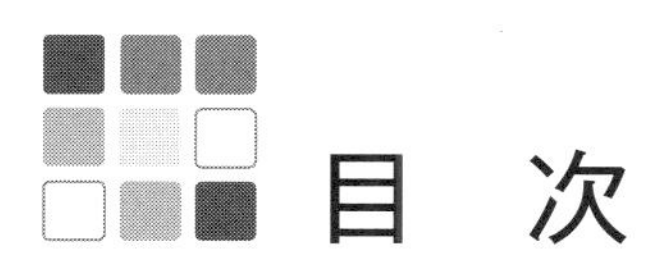

目　次

1 アルゴリズムとは

これから洗濯をすることを考えてみよう．洗濯機の電源ボタンを押し，洗濯物と洗剤を入れ，開始ボタンを押し，少し待って洗濯が完了したら取り出して干す．この手順に従えば，誰でも同じように洗濯ができる．大雑把にいうと，アルゴリズムとはこのように，物事を進める手順書，指令書である．日常生活の様々な場面で適切な作業手順があるのと同じように，計算問題を解くときにも手順を考えると便利である．

本章ではまず，アルゴリズムとはどのようなものかを説明する．また，アルゴリズムには効率のよいものとそうでないものがある．この効率の良し悪しを決める時間計算量の考え方について説明する．

1.1 アルゴリズムとは

アルゴリズムとは，問題を解く手順，算法のことである．いきなりこういわれてもわからないと思うので，例を使って説明しよう．アルゴリズムの前に，まず「問題」を説明する．ここでいう問題とは計算問題のことで，入力とそれに対する答（解）が明確に決まっており，与えられた入力の解を求めることを要求するものである．簡単な例を見てみよう．

- **最大公約数問題**

  入力：二つの正の整数 x と y

  解　：x と y の最大公約数

公約数とは x と y の共通の約数で，最大公約数はその中で最大のものである．

たとえば，入力 (3, 19) に対する解は 1，入力 (6, 10) に対する解は 2 である．別の例を見てみよう．

● ソーティング問題

入力：複数個の正の整数

解　：入力の整数を小さい順に並べ替えたもの

入力として「10, 9, 2, 6, 5, 1, 8, 4」が与えられた場合の解は「1, 2, 4, 5, 6, 8, 9, 10」となる．このように，入力に対して解がきっちりと決まっていないと，ここでは問題とはみなさない．「入力中の 48 人のアイドルをかわいい順に並べよ」などというのは，人によって「かわいい」の基準が異なり客観性がなく，解がきっちり定められないので問題とはみなさない（図 1.1）．

図 1.1　問題とはみなさない例

問題は，何も上で見たような数学っぽい問題に限ったものではなく，日常的に目にするものも多数ある．たとえば，パソコンのワープロソフトを思い浮かべてみよう．100 ページもある文書の中で，ある単語がどこに出てくるのかを知りたいとき，検索ウインドウにその単語を入れると瞬時にその場所にジャンプしてくれる．これは (文書，検索語) の組を入力とし，文書内で検索語が現れる位置を解とする「単語検索問題」をワープロソフトが解いて，その結果を表示しているのである．

また，インターネットの検索サイトで調べたい単語を入れると，その語を含む web ページの一覧が表示される．これは，検索サイトが集めた膨大な数の

web ページのデータと検索語を入力として，その単語を含む web ページを解とする問題を検索サイトが解いているのである．しかも，解となる web ページは多数あるが，それらを重要度の高い順に並べている．これには，web ページとそれらの間のリンク関係を入力として，ある定められた方法で計算される重要度を各ページに割り振る問題を解くことにより，実現されているのである．

実は上で見たような数学っぽい問題も，実際に様々なところで役に立っている．たとえばメールソフトでは，フォルダーで「受信日時」のタブをクリックするとメールを受信した順に並べ替えられるし，「件名」のタブをクリックすると同じ件名のメールが同じところに集まる．これは，受信日時や件名を数値とみなしてソーティング問題を解き，その結果に従ってメールを並べ替えているのである．また，最大公約数問題も，インターネット上で安全に通信するための公開鍵暗号方式に役立っている．

これで問題というもののイメージをつかんでもらえたと思うので，次にアルゴリズムの例を紹介する．まずは，最大公約数問題を解く**ユークリッドの互除法**で，これは世界最古のアルゴリズムといわれている．高校数学にも出てくるので，馴染みのある人もいるだろう．入力として与えられる二つの整数を x と y $(x > y)$ とする．

- **ユークリッドの互除法**

ステップ 1　x を y で割って，余りを r とする．
ステップ 2　$r = 0$ ならば，y を出力して終了．
　　　　　　$r \neq 0$ ならば，ステップ 3 に進む．
ステップ 3　$x := y$ とする（y を x に代入）．
　　　　　　$y := r$ とする（r を y に代入）．
　　　　　　ステップ 1 に戻る．

ユークリッドの互除法を，具体的な入力 (19, 3) に対して実行してみよう．最初は $x = 19, y = 3$ である．ステップ 1 では，19 を 3 で割って余り $r = 1$ を得る．次にステップ 2 を実行すると，$r \neq 0$ なのでステップ 3 へ進む．ステップ 3 では，まず y を x に代入して $x = 3$ となり，r を y に代入して $y = 1$ となる（この順番を逆にしてはいけない（章末問題 1.1））．そしてステップ 1 に戻る．

ステップ1で今度は，3を1で割って余りは$r=0$となるため，ステップ2で現時点のyである1を出力して終了する．確かに19と3の最大公約数は1なので，正しい答を求めている．いまの実行過程を図示すると，図1.2のようになる．

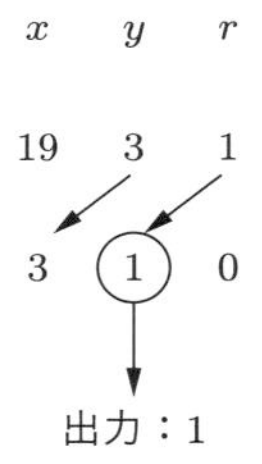

図1.2　(19, 3)に対するユークリッドの互除法の実行過程

また，入力(10, 6)に対してアルゴリズムを実行すると，図1.3のように2が求められ，確かに正しい解を出力している．

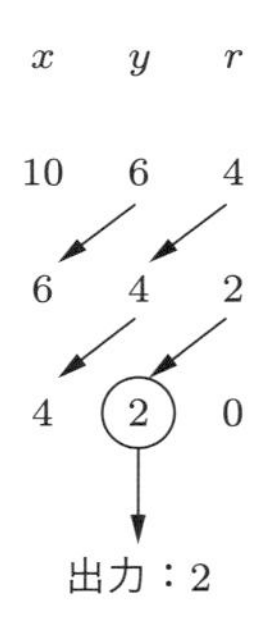

図1.3　(10, 6)に対するユークリッドの互除法の実行過程

証明は省略するが，ユークリッドの互除法は，どのような入力が与えられても正しい答を出力する．

上の例からわかるように，アルゴリズムとはすなわち，命令の系列である．一つひとつの命令は単純で，かつ明確に記述されており，誰が実行しても同じ実行過程をたどるものでなければならない（ただし，複数の選択肢があった場合にどれか一つをランダムに選ぶような命令があるアルゴリズムは，同じ入力でも実行ごとに実行過程が変わる可能性がある）．

アルゴリズムとはあくまで算法であり，その実行者は必ずしもコンピュータに限らない．そもそもユークリッドの互除法は紀元前に考えられたもので，コンピュータの登場よりはるかに前である．そうはいっても今日では，一般にアルゴリズムはコンピュータプログラムとほぼ同義語的に使われている．アルゴリズムは人間にも理解できるように計算過程を記述しているのに対して，それを具体的なプログラミング言語で記述し，コンピュータに実行できるようにしたものがプログラムである．同じアルゴリズムでも，使うプログラミング言語が違えば違ったプログラムになるし，たとえ同じプログラミング言語を使ったとしても，それを記述するプログラマーによって違ったものになるだろう．

今度はソーティングに対するアルゴリズムの例を見てみよう．入力は，n 個の整数が一列に並んでいるものとする．

- **選択ソート**

ステップ 1　$i := 1$ とする．

ステップ 2　$i = n$ ならば終了．さもなければ，ステップ 3 に進む．

ステップ 3　i 番目の数字から n 番目の数字の中で最小のものを選び，それを列の i 番目に移動する．

ステップ 4　$i := i + 1$ としてステップ 2 に戻る．

入力「10, 9, 2, 6, 5, 1, 8, 4」に対する $i = 1$〜3 の実行の様子を図 1.4 に示す．

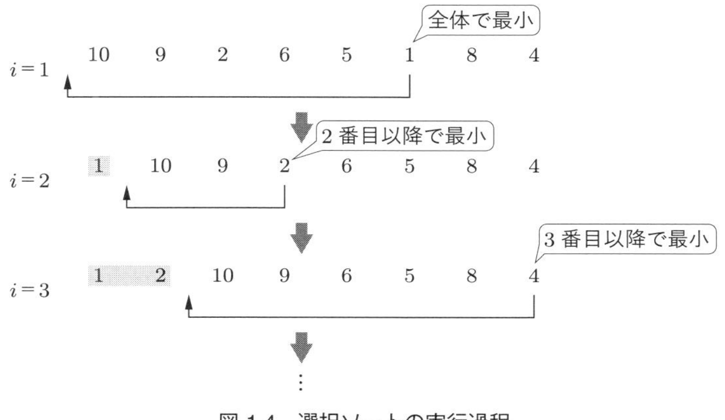

図 1.4　選択ソートの実行過程

このアルゴリズムは，$i = 1$ のときには1番小さい数字が先頭へ，$i = 2$ のときには残った数字の中で1番小さい数字（すなわち全体で2番目に小さい数字）が列の2番目へ $\cdots$ と移動していく．つまり，各 i に対して全体で i 番目に小さい数字が列の i 番目に移動するので，$i = n$ まで実行すれば小さい順に並べ替えられることがわかるだろう．なお，与えられた数字を小さい順（または大きい順）に並べ替えることを**ソートする**または**整列する**という．

1.2 アルゴリズムの効率

同じ問題でも，それを解くアルゴリズムはいくつも考えられる．では，それらの中で，どれが「よい」アルゴリズムなのだろうか？　アルゴリズムのよさの指標はいろいろ考えられる．たとえばアルゴリズムの記述が短いというのは，実装したときのプログラムも短くできるので，大きな利点である．また，アルゴリズムがシンプルでわかりやすいというのもよい．これは実装しやすいし，正しく動くことを容易に証明できるという利点もある．しかし，アルゴリズム理論の中で最も重要視されるのは，入力を与えてから答を出すまでの時間が短いというものである．計算をするからには，より早く答を得たいというのは当然の考え方であるし，今日のコンピュータの計算速度や扱うデータ量では，解き方が計算時間に多大な影響を及ぼすことが多いため，この指標に注目するのは自然であろう．よって本書では，特に断らない限り，計算時間の短いアルゴリズムをよいアルゴリズムと考えることにする．計算時間は専門的には**時間計算量**ともいう．

なお，時間計算量のほかに**領域計算量**というものもある．これは，アルゴリズムを実行するのに使用する記憶領域（メモリ）を意味し，これが少ないアルゴリズムをよいアルゴリズムとみなそうというスタンスである．いまほどメモリが安くない時代は，コンピュータに搭載されているメモリ量は少なく，いかにメモリ消費を少なくするかも重要な研究課題であった．もちろん現在でも領域計算量は論じられているが，時間計算量でアルゴリズムの効率を論じている論文が圧倒的に多い．本書では主に時間計算量を取り扱うので，以下では単に「計算量」と書いたら時間計算量を指すものとする．

アルゴリズムによる計算量の違い

それでは計算量を見るために，ソーティング問題に戻ってみよう．少々わざとらしいが，次のような**全探索アルゴリズム**を考えてみよう．以下では，入力として与えられた n 個の整数の並べ替えを**順列**とよぶ．

- **ソーティング問題に対する全探索アルゴリズム**

ステップ 1　これまでに作られていない順列を一つ作る．
ステップ 2　ステップ 1 で作った順列が昇順に並んでいるかをチェックする．
ステップ 3　昇順に並んでいたら，それを出力して終了．さもなければ，ステップ 1 へ戻る．

アルゴリズムの実行の様子を図 1.5 に示す．このアルゴリズムはすべての順列を調べるので，全探索アルゴリズムとよばれる．これは確実に正しい解を出力する．

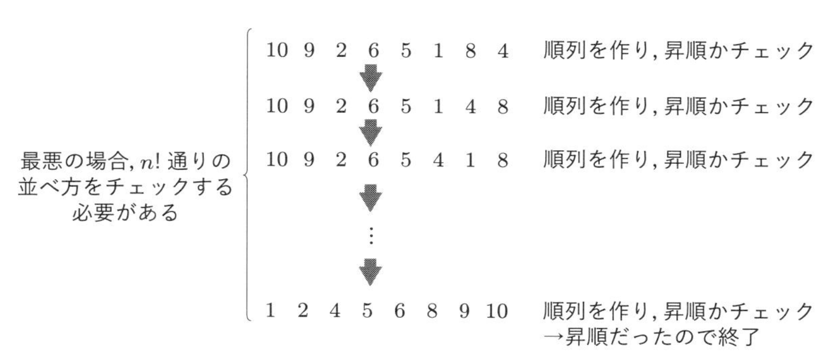

図 1.5　ソーティング問題に対する全探索アルゴリズム

しかし，その計算量はどうだろうか？　最悪の場合，正解が一番最後に作られる可能性がある．このときには本当にすべての順列を調べなければならないため，$n!$ 個の順列を調べる必要がある．たとえばこの全探索アルゴリズムを，$n = 40$ の場合に実行するとどうなるだろうか？　調べるべき順列の総数は $40!$ である．ここで，「順列を一つ生成し，それが小さい順に並んでいるかどうかをチェックする」という作業を 1 秒間に 1 億 $(= 10^8)$ 回できるとしよう．まず，かなり大雑把に見積もって，$40! > 10^{30}$ である．なぜなら，左辺は 40 から1までの数字が一つずつ掛け合わされるが，$10 \times 9 \times \cdots \times 1$ の部分を捨てたとしても10より大きな数が30個残るからである．10^{30} 個の順列を調べ上げるのには $10^{30}/10^8 = 10^{22}$ 秒かかる．1時間 $= 60 \times 60 = 3600$ 秒，1日$=$ $24 \times 3600 = 86400$ 秒，1年$=365 \times 86400 = 31536000$ 秒なので，1年は 10^8 秒よりも短い．つまり，答が出るまでに $10^{22}/10^8 = 10^{14}$ 年以上かかる．これでもまだピンとこないが，宇宙が誕生してから現在まで約138億年が経過しているといわれている．138億年は 10^{11} 年よりも短いので，宇宙の誕生から現在までを $10^{14}/10^{11} = 1000$ 回繰り返しても，まだ答が出ないという計算になる．

では次に，1.1節で見た選択ソートを考えてみよう．まず $i = 1$ のとき，n 個の数字の中で最小値を探す．これには，以下のような方法が考えられる．とりあえず先頭の数字を x という変数に代入しておく．そして，2番目以降の数字を順番に見ていき，x より小さい数字に出会ったらそれを新たな x とする．こうすると，x はその時点での暫定の最小値になっており，列の最後までたどり着いたときには本当の最小値になっている．この計算には，「x といま見ている数字の大小を比較し，必要ならば x を更新する」という操作を $n-1$ 回行えばよい．$i = 2$ では，2番目から n 番目までの数字を対象に，いまの作業をすればよいので，操作は $n-2$ 回である．一般に，$i = k$ のときの実行を「ラウンド k」とよぶと，ラウンド k での操作回数は $n-k$ 回である．1回のラウンド内での操作は n 回以下で，全体のラウンド数は n 以下なので，全体で n^2 回以下の操作で済む．$n = 40$ の場合 $n^2 = 1600$ で，1秒間に1億 $(= 10^8)$ 回の操作ができるとすれば0.000016秒で終わる．先程の全探索アルゴリズムとは雲泥の差である．

なお，全探索アルゴリズムと選択ソートでは，1回の操作の定義が違うので，単純に回数で比較するのは不公平な気がする．全くそのとおりだが，いまの場合は問題ない．選択ソートでは「二つの数字の大小比較と，必要ならば数値の更新」を1回と数えているのに対し，全探索アルゴリズムでは「順列を一つ生成し，それが小さい順に並んでいるかをチェックする」ことを1回と数えている．明らかに後者のほうが前者よりも複雑な作業であり，それらを同じ1回とすることは全探索アルゴリズムに有利な見積りをしている．それにもかかわらず，こんなにも計算量に開きがあるという主張なのである．

計算量の考え方

大雑把にいうと，上記の例のように入力の長さを n としたときに，アルゴリズムが実行する操作の回数を n の関数として表したのが，アルゴリズムの計算量である．全探索アルゴリズムは $n!$ 時間アルゴリズム，選択ソートは n^2 時間アルゴリズムである．

計算量を正確に議論しようとすると，1 回の操作でどのような計算ができるかといった「計算モデル」や，入力の形式や途中の計算結果をどのように記憶するかという「データ構造」などを定義しなければならない．それは本書の範囲を超えるので，以降に出てくる各アルゴリズムでは厳密な計算量の解析にまでは立ち入らないが，計算量の基本的な考え方を知っておくのはよいことなので，以下で概観しておこう．

まず，問題に対して「入力サイズ」を定義する．これは入力の長さのことで，たとえばソーティング問題ならば，上でやったように入力に含まれる整数の個数を用いるのが普通である．また，第 2 章に出てくる**グラフ**を入力とする場合には，グラフの頂点数または頂点数 + 枝数を入力の長さとする．一般に，入力 I のサイズを $|I|$ と書くことにする．次に，「基本操作」を定義する．これは，アルゴリズムの操作のうち何を「1 回」として数えるかというもので，たとえばソーティング問題だと，数字の大小比較や変数への代入などを基本操作とするのが普通である．厳密には**チューリング機械**というものを使うが，これも本書の範囲を超えるので，立ち入らないことにする．

「基本操作」が決まると，入力 I に対してアルゴリズム A を実行させたときの基本操作の実行回数が決まる．これを「アルゴリズム A の入力 I に対する計算量」とよび，$f_A(I)$ と書く．次に，「アルゴリズム A の入力サイズ n に対する計算量 $f_A(n)$」を定義する．これは各 n に対し，サイズ n のあらゆる入力の中で計算量が最大のものであり，式で書くと

$$f_A(n) = \max_{|I|=n} f_A(I)$$

となる．視覚的に説明すると図 1.6 のようになる．同じサイズの入力は複数あり，それらに対する A の計算量を縦にプロットしている．その中で最大のものが，その入力サイズに対する A の計算量である．この例では $f_A(1) = 8, f_A(2) =$

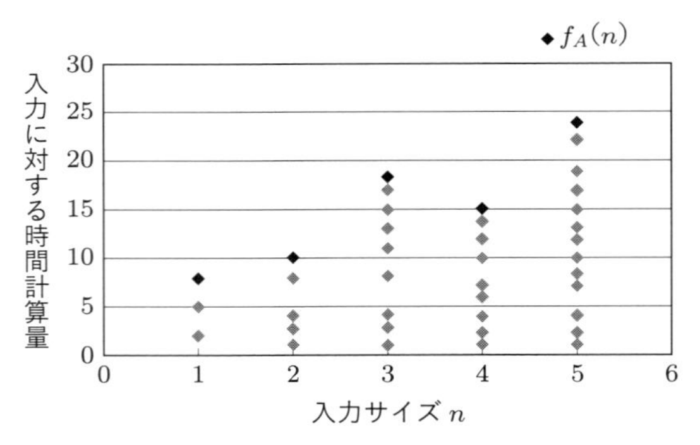

図 1.6　アルゴリズムの計算量

$10, f_A(3) = 18$ などとなっている．この $f_A(n)$ がアルゴリズム A の計算量である．つまりアルゴリズム A は，サイズ n のどんな入力に対しても，基本操作を $f_A(n)$ 回以下しか実行しないことが保証されているのである．

計算量は整数（入力サイズ）から整数（操作回数）への対応であり，一般には n^2 や $5n^4 + 2n$ のようなきれいな関数の形では書けない．しかし，これでは自分の開発したアルゴリズムの計算量を表現するのに，サイズと操作回数の対応表を作らなければならず不便である．というより，サイズはいくらでも大きくなりうるので，そもそも表を作ることなど不可能である．そこで，この計算量をきれいな形の関数で近似するのである（図 1.7）．

ただし，計算量というものは，「アルゴリズム A はサイズ n の入力に対しては操作を高々 $f_A(n)$ 回しか行わない」ことを保証するものであった．よって原

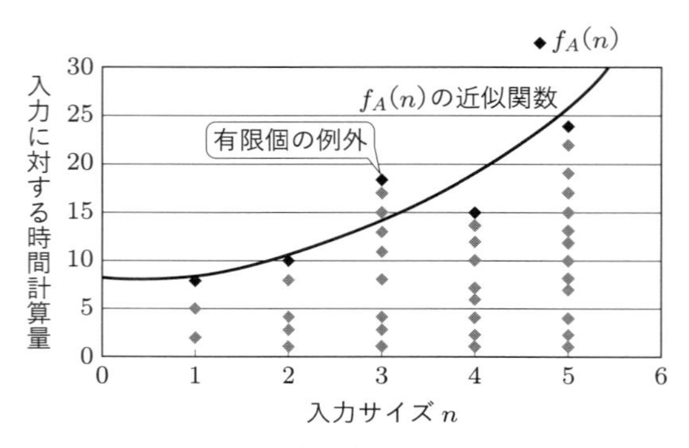

図 1.7　アルゴリズムの計算量の近似

則として，この近似では図中のすべての点が，近似する関数よりも下になければならない．しかしアルゴリズムによっては，少数の特殊な n に対してだけ操作回数が極端に多くなってしまうこともあり，「すべて」を下に収めようとすると，そのいくつかの例外的な n に引きずられて，近似する関数が異様に大きくなってしまうことがある．これではアルゴリズム A の計算時間を反映しているとはいいがたい．そこで，「有限個を除いたすべての n に対して，近似する関数よりもプロット点が下にある」という条件にする．

さて近似の結果，アルゴリズム A の計算量を $5n^4 + 3n^2 + 6\log_2 n$ と表せたとしよう．無限の表を作るのよりはずいぶん進歩したが，さらに簡略化する．ここに現れる三つの項のうち $3n^2$ と $6\log_2 n$ は，n が大きいところでは $5n^4$ に比べて無視できるほど小さい．よって $5n^4$ だけを残し，後の二つは削る．この妥当性は以下のように考えるとよい．前述したように，アルゴリズムはコンピュータ上でプログラムとして動かすことを想定することが多い．コンピュータに解かせたいのは，人間が手では扱えないほど膨大なデータ，つまり n が非常に大きい入力である．よって，n が大きいときのアルゴリズムの計算時間の振る舞いに着目するのである．

これでアルゴリズム A の計算量は $5n^4$ となったが，さらに係数の 5 を削って n^4 とする．この係数を削ることの正当性もいくつか考えられる．まず基本操作の定義に戻って，「x の値と y の値を交換する」ことを基本操作の一つとしてみよう．つまり $x = 8, y = 3$ だったら，1 回の操作で $x = 3, y = 8$ にできる．次に立場を変えて，これを基本操作とは考えず，「変数に値を代入する」ことを基本操作の一つとする．この場合は，値の交換を実現するのに「x の値を仮の変数 z に代入し，y の値を x に代入し，z の値を y に代入する」という 3 回の基本操作が必要になる．たとえば交換を n^2 回行った場合，前者では n^2 と数えられるのに対し，後者では $(3n)^2 = 9n^2$ と数えられる．このように，どちらも妥当と思われる些細な定義の違いでも，定数倍ぐらいは揺らぎが出てしまうので，あまり重要視しても意味がないという考え方である．またたとえば，計算量が $5n^4$ のアルゴリズムを使って，あるサイズの入力を解くのに 1 時間かかることがわかっていて，次に 2 倍のサイズの入力を解く場合にどの程度時間がかかるかを見積もるとしよう．サイズが 2 倍になるので，n を $2n$ に変えて

$5(2n)^4 = 5 \cdot 16n^4$ である．したがって，$5 \cdot 16n^4/5n^4 = 16$ 倍であり，16 時間程度かかると予想できる．この計算では「5」が分子と分母で約分されるので，計算量を係数がない n^4 としていても同じ結果になる．このように，入力サイズの増加に対する計算量の増加の度合いを測る場合には，係数をなくしても差し支えがない．

こうして，アルゴリズム A の計算量を $O(n^4)$ と書く．また，「アルゴリズム A は $O(n^4)$ 時間アルゴリズムである」といういい方もする．「O」は「オーダー」と読み，これまでのような近似を施してきた結果であることを表す（数学的な定義は後述する）．n^2 や n^3 のように，n に無関係の定数 c に対して $O(n^c)$ の計算量をもつアルゴリズムを**多項式時間アルゴリズム**といって，アルゴリズム理論の分野では効率のよい（高速な）アルゴリズムとみなす．n の増加に従って，計算時間が比較的緩やかに増加していくからである（n^{100} 時間アルゴリズムなどは到底高速とはいいがたいが，定義上は多項式時間アルゴリズムである）．また，2^n や 3^n のように，n に無関係の定数 c に対して $O(c^n)$ の計算量をもつアルゴリズムを**指数時間アルゴリズム**といい，これは効率の悪いアルゴリズムに分類される．たとえば 2^n の計算量をもつと，入力サイズが 1 長くなっただけで計算時間が 2 倍になるというように，計算時間がいわゆる「指数爆発」を起こしてしまう．さらに，$n!$ は近似するとだいたい $(n/e)^n$（e は自然対数の底）なので，指数ですらない（指数よりもさらに急激に増加する）．このような計算量をもつものを**超指数時間アルゴリズム**という．

■ アルゴリズム理論の研究

アルゴリズム理論の研究アプローチは多種多様であるが，基本は計算量の小さいアルゴリズムを設計することである．たとえば，ある問題に対して $O(n^3)$ 時間アルゴリズムが知られていたら，それを誰かが改良して $O(n^2)$ 時間のアルゴリズムを発表する．すると，また誰かが新しいアイデアを出してきて $O(n^{1.5})$ 時間にする，といった具合に，日々競争が行われているのである．また，多項式時間アルゴリズムが見つかっていないような問題でも，指数時間アルゴリズムの範囲で高速なものを作るというアプローチも行われている．たとえば $O(3^n)$ 時間を $O(2^n)$ 時間に，さらに $O(1.5^n)$ 時間に，という具合である．

たとえば以下の表 1.1 は，3SAT とよばれる問題に対する計算量改善の歴史の一部である（3SAT 関連の問題は 5.1 節や 7.3 節に出てくるので，定義などはそこを見てほしい）．計算時間 c^n の c の部分をより小さくするという競争で，ところによっては小数点以下第 3 桁での改善もある．断っておくが，どのような問題に対してもこのような「微小な」改善が論文になるわけではない．3SAT はアルゴリズム理論の分野の王道の問題で，一流の研究者が寄ってたかってアタックしている．その中での改善というのは相当なアイデアや解析を伴っており，高く評価されるのである．一方，マイナーな問題を多少改善しても，誰も見向きもしない．また，たとえ重要な問題であっても，計算量を改善したと自己主張するだけでは駄目で，名の通った論文誌に投稿し，専門家の査読を経て正式に出版されないと記録として認めてもらえない（ただし，出版後に証明に誤りが見つかったという例はたまにあるが）．

表 1.1 3SAT の計算量改善の歴史

1.618^n	[Monien, Speckenmeyer, 1979]
⋮	
1.362^n	[Paturi et al., 1998]
1.334^n	[Schoening, 1999]
1.3302^n	[Hofmeister et al., 2002]
1.3290^n	[Baumer,Schuler, 2003]
1.3280^n	[Rolf, 2003]
1.3227^n	[Iwama,Tamaki, 2004]
1.32216^n	[Rolf, 2005]
1.32113^n	[Iwama, Takai, Seto, Tamaki, 2010]
1.32065^n	[Hertli, Moser, Scheder, 2010]
1.30704^n	[Hertli, 2011]
⋮	

O（オーダー）の定義

最後に O（オーダー）の定義を紹介して，本章を締めくくろう．上で書いた計算量の近似の概念を数学的に表現したものである．

- **定義：O（オーダー）**
  二つの関数 $f(n)$ と $g(n)$ に対し，ある定数 c と n_0 が存在して，$n \geq n_0$ であるすべての n に対して $f(n) \leq c \cdot g(n)$ を満たすとき，$f(n) = O(g(n))$ と書く．

たとえば前述の例では，アルゴリズム A の計算量が $5n^4+3n^2+6\log_2 n$ となったとき，n が大きくなるにつれて，最も激しく増加する項 $5n^4$ 以外を削除し，残った項の係数を 1 にして $5n^4+3n^2+6\log_2 n = O(n^4)$ と書くのであった．これがきちんと定義に則っていることを確認しよう．$f(n) = 5n^4+3n^2+6\log_2 n$, $g(n) = n^4$ である．ここで $c = 6, n_0 = 4$ としてみよう．$n \geq 4$ に対して $5n^4+3n^2+6\log_2 n \leq 6n^4$ がいえればよい．右辺 $-$ 左辺 $= n^4-3n^2-6\log_2 n$ である．これは $n \geq 4$ で増加関数であり，この式に $n = 4$ を代入すると $4^4-3\times 4^2-6\log_2 4 = 256-48-12 = 196 > 0$ なので，$5n^4+3n^2+6\log_2 n = O(n^4)$ を示すことができた．

この定義は，直感的には以下のように解釈できる．$5n^4+3n^2+6\log_2 n$ を n^4 でおさえるために，n^4 の係数 c として 5 よりちょっと大きな 6 を選ぶ．これで最大の項 $5n^4$ を $6n^4$ でおさえることができる．この部分は，一番大きな項の係数を 1 にすることに対応する．つまり，どんなに大きな係数が掛かっていたとしても，c としてそれより大きな値を選ぶことができるので，係数が 1 であっても変わりないということである．残りの $3n^2+6\log_2 n$ を $6n^4-5n^4 = n^4$ でおさえたい．n が小さいところでは不可能だが，n^2 も $\log_2 n$ も n^4 に比べて増加が遅いので，3 や 6 といった係数が付いていたとしても，n が大きくなると，いずれどこかで n^4 に追い抜かれる．現在の例では $n = 4$ ですでに追い抜かれている．よってそこを n_0 と選べば，n^4 以外の項をおさえられる．この部分は，最大の項だけを残して後を捨てることに対応している．

なお，定義に沿うと，$5n^4+3n^2+6\log_2 n = O(n^5)$ も正しい（自分で確認してみてほしい）．したがって，アルゴリズム A を $O(n^5)$ 時間アルゴリズムといっても正しい．正しいのではあるが，損である．せっかく $O(n^4)$ 時間のアルゴリズムを作ったのに，その計算時間を $O(n^5)$ と遅めに主張しているのだから．

章末問題

1.1　ユークリッドの互除法で，y を x に代入するより先に r を y に代入してはいけない理由を答えよ．

1.2　最大公約数問題の入力 (a) (1470, 126), (b) (89, 55) に対してユークリッドの互除法を適用させ，最大公約数を求めよ．また，この結果から気づいたことを述べよ．

1.3　ソーティング問題の選択ソートにおいて，二つの数の大小を比較する回数を a,「暫定の最小値」を格納する変数 x に値を代入する回数を b，ラウンド内で見つかった最小値を列の i 番目に移動する回数を c とする．サイズ n で a, b, c が小さい入力とはどういうものか？　また，これらが大きい入力とはどういうものか？

1.4　$4n^2 + 50n = O(n^2)$ であることを定義に沿って示せ．

1.5　$5n^4 + 3n^3 \neq O(n^3)$ であることを定義に沿って示せ．

2 基本事項

第 1 章では，アルゴリズムとは何かを見た．第 3 章以降では，様々な問題を解くアルゴリズムを考えていく．そのために，本章ではまず，実世界の様々な問題を表現するのに有用な「グラフ」について説明する．また，第 1 章で例示した計算問題を，答の与え方に応じて最適化問題，判定問題，探索問題などに分類する．

2.1 グラフ

本節では，本書を読み進めるにあたって必要な，グラフの基本事項を紹介する．グラフに関する入門書や専門書は多数あるので，より深く学びたい方はそれらを参照してほしい．

グラフとは，図 2.1 のようにいくつかの点があり，それらが線で結ばれているものである．点のことを**頂点**，線のことを**枝**または**辺**とよぶ．正式にはグラフは $G = (V, E)$ と表され，V は頂点の集合，E は枝の集合である．たとえば，図 2.1 のグラフを G_1 とすると，$G_1 = (V_1, E_1)$, $V_1 = \{v_1, v_2, v_3, v_4\}$, $E_1 = \{e_1, e_2, e_3, e_4, e_5\}$ となる．G はグラフ (graph) の，V は頂点 (vertex)

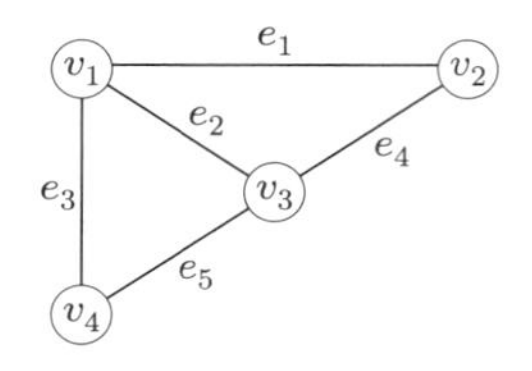

図 2.1　グラフの例

の，E は枝 (edge) の頭文字を取っている．

1本の枝は二つの頂点を結ぶので，それら二つの頂点の集合として表す．いまの例では，$e_1 = (v_1, v_2), e_2 = (v_1, v_3), e_3 = (v_1, v_4), e_4 = (v_2, v_3), e_5 = (v_3, v_4)$ である．枝は頂点の「集合」なので，本来 $e_1 = \{v_1, v_2\}$ と書くべきであるが，慣習的に丸括弧 () を使うことも多いので，本書はそれに従う．

通常，グラフの頂点数は n，枝数は m と書く．頂点は $v_1, v_2, \ldots, v_n$，枝は $e_1, e_2, \ldots, e_m$ と記述するが，本書では見やすさのため，頂点名や枝名を単に数字やアルファベットで書く場合もある．

グラフは様々な関係を簡潔に表現できるので，計算機科学では非常に有用である．たとえば人を頂点で表し，知り合いの2人を枝で結ぶと，人間関係を表すグラフができる．またたとえば，主要な駅を頂点で表し，同一路線でつながっている駅どうしを枝で結ぶと，路線図に対応するグラフができる（図 2.2）．人間関係に関する問題や路線図に関する問題を解きたいとき，これらを一旦グラフ化してグラフ問題として表現し直し，グラフ問題に対するアルゴリズムを構築することで，それらの問題を解くことができる．また，実世界では異なる問題であっても，グラフ化すると全く同じ問題になることもあり，一つのアルゴリズムで，もとが異なる複数の問題を解けるという利点もある．

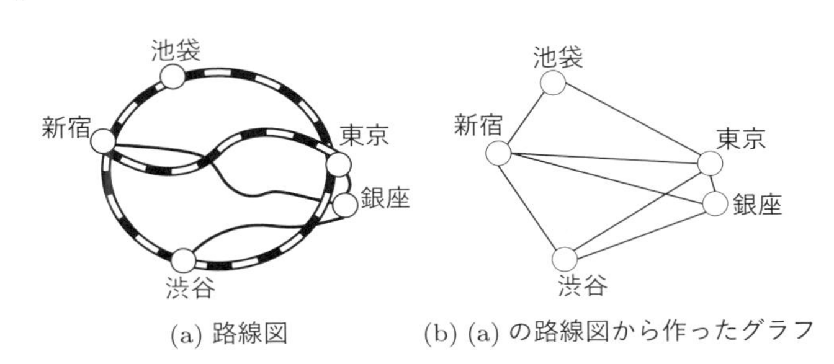

図 2.2　路線図と対応するグラフ

グラフは，頂点とそれらの接続関係のみによって規定される．つまり，どのように描画されているかは関係ない．たとえば，図 2.3 のグラフは図 2.1 のグラフ G_1 と同じもので，単に描画の仕方が違うだけである．ただし，駅の路線図をグラフ化した場合のように，幾何的な情報も重要な場合は，描画も重要になる場合がある（たとえば各駅の実際の位置を正確に反映した描画がよいとか，

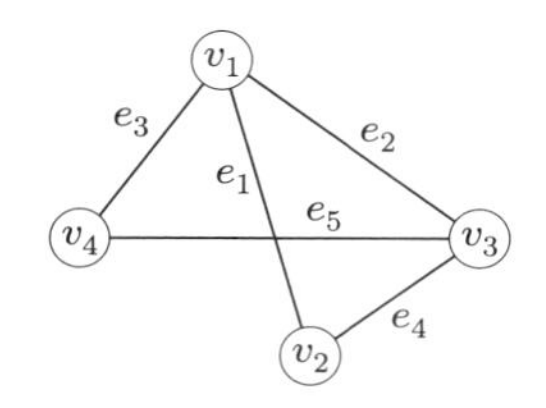

図 2.3　グラフ G_1 の別の描画

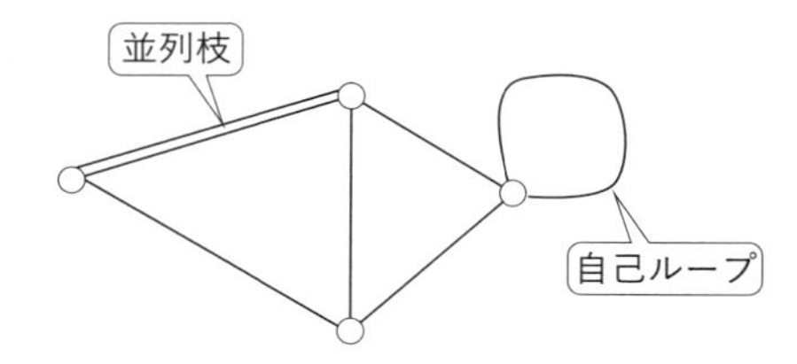

図 2.4　並列枝と自己ループ

図 2.1 は枝が交差していないため図 2.3 より見やすいなどである).

同じ頂点ペアを結ぶ二つ以上の枝を**並列枝**または**多重辺**, 同一の頂点を結ぶ枝を**自己ループ**とよぶ (図 2.4). 並列枝も自己ループももたないグラフを**単純グラフ**という. 本書では特に断らない限り, 単にグラフと書いたら単純グラフを意味する.

重み付きグラフ

グラフは単に接続関係を表現するものであったが, たとえば人間関係を表すグラフにおいて, 各人物の重要度を表現したいことがある. またたとえば, 路線図を表すグラフでは, 枝で結ばれた二つの駅間の移動時間を表現したい場合もある. このような場合, グラフの頂点や枝に**重み**とよばれる数値を割り当てる. 頂点に重みの付いたグラフを**頂点重み付きグラフ**, 枝に重みの付いたグラフを**枝重み付きグラフ**とよぶ. 特に混同の恐れがない場合は, 単に**重み付きグラフ**とよぶこともある. 重みは, 頂点や枝から数値への関数として表現する. たとえば, 枝重み付きグラフは $G = (V, E, w)$ とし, w は枝から数値への関数を表す. このとき枝 e の重みは $w(e)$ などと表される. 枝を頂点ペアで書く場合には, 枝 (u, v) の重みは $w((u, v))$ になるが, 簡略化して $w(u, v)$ と書く. 本書ではほとんどの場合, 重みには非負整数値を使う.

頂点と枝の関係

グラフの 2 頂点 u, v に対して枝 $e = (u, v)$ が存在するとき, 頂点 u と v は**隣接している**といい, 頂点 u と枝 e は**接続している**という. また, u や v を枝 e の**端点**という. 頂点 v に接続している枝数を頂点 v の**次数**といい, $d(v)$ と書く. たとえば図 2.1 のグラフでは, $d(v_1) = 3$, $d(v_2) = 2$ である.

部分グラフ

グラフ $G=(V,E)$ と $G'=(V',E')$ が，$V' \subseteq V$, $E' \subseteq E$ を満たすとき，G' は G の**部分グラフ**であるという．たとえば図 2.5 のグラフは，図 2.1 のグラフの部分グラフである．つまり部分グラフとは，もとのグラフから頂点や枝を取り除いてできるグラフである．定義上，G 自身も G の部分グラフである．

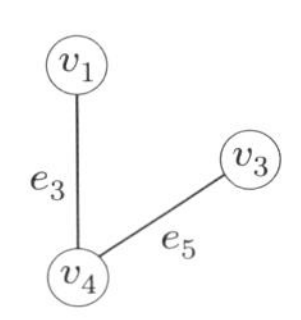

図 2.5　図 2.1 のグラフの部分グラフ

連結グラフと非連結グラフ

たとえば図 2.6(a) のように，グラフは全体がつながっていなくても構わない．このようなグラフを**非連結グラフ**という．これに対して図 2.1 のようなグラフを**連結グラフ**という．連結グラフとは，どのような 2 頂点 u, v を選んでも，u から v へ行く枝の経路があるものである．連結である極大な（つまり，つながっているすべての頂点と枝を含む）部分グラフを**連結成分**とよぶ．図 2.6(b) は，(a) のグラフを連結成分ごとに破線で囲んだものである．1 頂点のみからなる連結成分（すなわち次数 0 の頂点）を**孤立頂点**という．

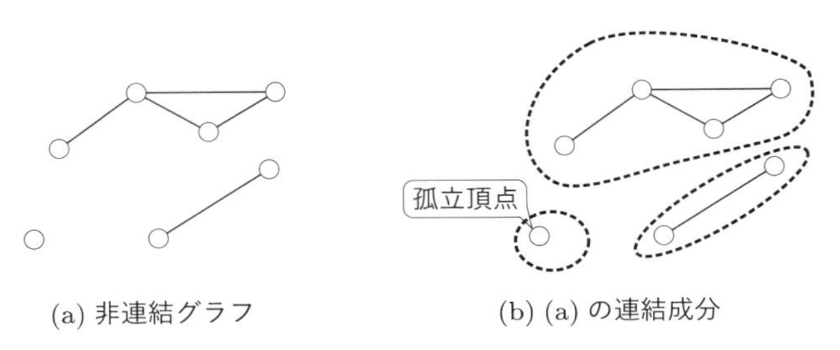

図 2.6　非連結グラフとその連結成分

特徴的なグラフ

続いて，特別な性質をもつグラフをいくつか紹介する．図 2.7 のように，閉路を含まない連結なグラフを**木**という．**閉路**とは，ある頂点から出発し，枝を

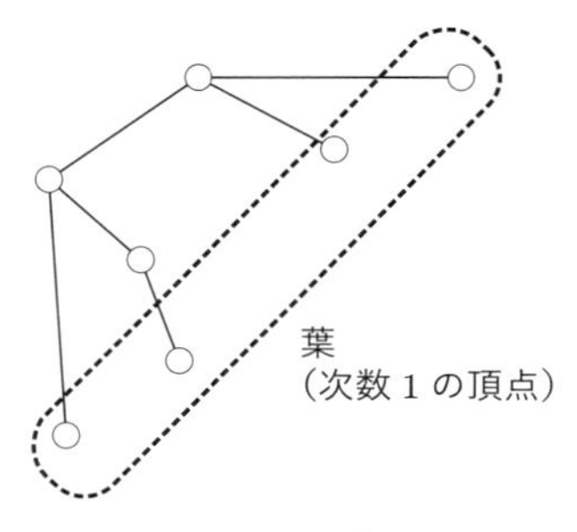

図 2.7　木

たどりながら頂点を経由して出発頂点に戻ってくるものである（途中では同じ頂点を 2 度通ってはいけない）．たとえば図 2.1 のグラフにおいて，v_1-v_3-v_4-v_1 は閉路である．図 2.1 のグラフは，連結であるが閉路を含んでしまうので，木ではない．頂点数 n の木は，必ず $n-1$ 本の枝をもつ（章末問題 2.3）．木において，次数が 1 の頂点を**葉**とよぶ．グラフは $G=(V,E)$ と表すと書いたが，木の場合は tree の頭文字を取って $T=(V,E)$ などと書くことが多い．

すべての頂点間に枝のあるグラフを**完全グラフ**という．図 2.8 は 4 頂点完全グラフと 5 頂点完全グラフを表している．完全グラフは，頂点数が決まると枝の配置が一意に決まるので，頂点数だけを指定すれば特定できる．n 頂点完全グラフを K_n と書く．たとえば，図 2.8(a) は K_4，(b) は K_5 である．一般に，K_n の枝数は $n(n-1)/2$ である（章末問題 2.4）．

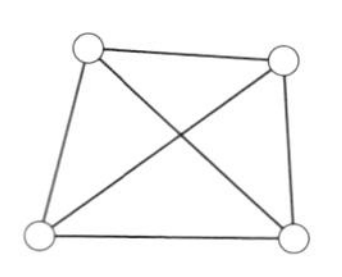

(a) 4 頂点完全グラフ K_4

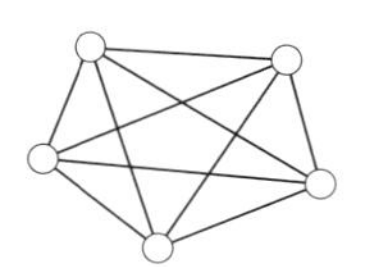

(b) 5 頂点完全グラフ K_5

図 2.8　完全グラフ

頂点集合を二つに分割し，どちらの頂点集合の内部にも枝がない（つまり枝はすべて二つの頂点集合間にまたがる）ようにできるグラフを**二部グラフ**という（図 2.9）．二部グラフは，性質の違う二つのグループ間の関係を表すのに適している．たとえば，一方の頂点集合を人，他方の頂点集合を仕事として，人がその仕事を担当できるとき，対応する頂点間を枝で結べば二部グラフになる．

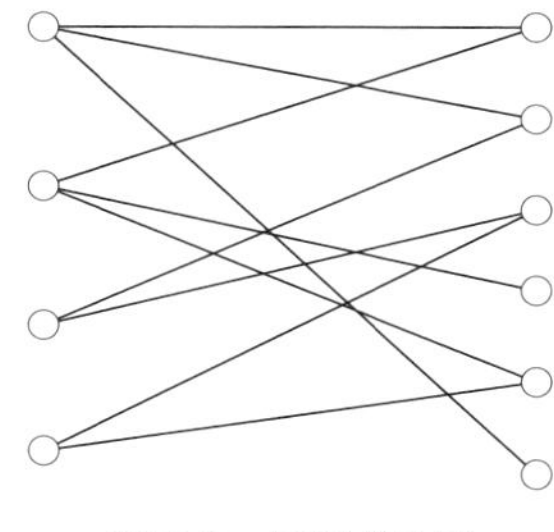

図 2.9　二部グラフ

この場合，同一頂点集合内には枝は存在しない．

■ マッチング

頂点を共有しない枝集合を**マッチング**という．たとえば図 2.10(b) の太い枝の集合は，(a) のグラフのマッチングである．マッチング M に含まれる枝の数を，そのマッチングの**サイズ**といい，$|M|$ と書く．たとえば (b) のマッチングのサイズは 2 である．**極大マッチング**とは，そのマッチングにどの枝を追加してもマッチングではなくなるもので，(b) は極大マッチングではないが，(c) は極大マッチングである．**最大マッチング**とはサイズ最大のマッチングである．(d) は最大マッチングである．グラフのすべての頂点を含むマッチングを**完全マッチング**という．(d) は完全マッチングでもある．

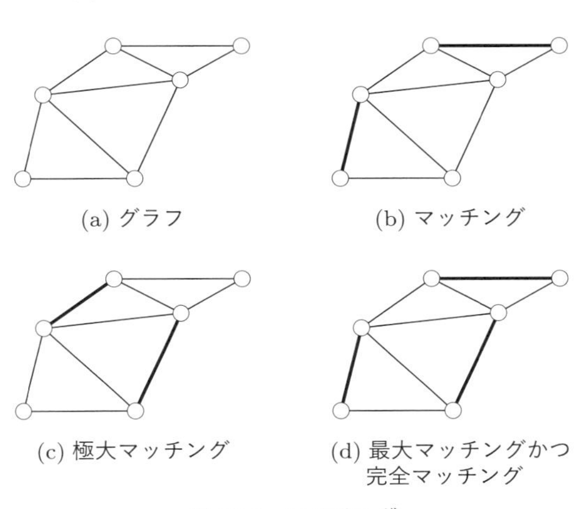

図 2.10　マッチング

オイラー回路とハミルトン閉路

グラフ中のすべての枝をちょうど 1 度ずつ通り，出発点に戻ってくる周回路を**オイラー回路**という（図 2.11(a)）．グラフがオイラー回路をもつための必要十分条件は，グラフのすべての頂点の次数が偶数であることである．グラフ中のすべての頂点をちょうど 1 度ずつ通る閉路を**ハミルトン閉路**という（図 2.11(b)）．オイラー回路と違い，グラフがハミルトン閉路をもつための簡潔な必要十分条件は知られていない．

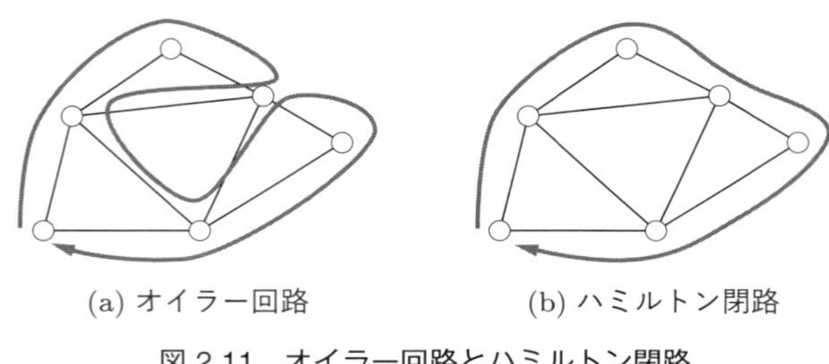

図 2.11　オイラー回路とハミルトン閉路

2.2　最適化問題と判定問題

第 1 章で，問題とは入力とその答がきっちりと決まっているものだと述べたが，その答の種類によって問題をいくつかに大別することができる．本書では主に**最適化問題**と**判定問題**を取り扱うので，以下ではそれらについて説明する．

多くの問題では，解の満たすべき条件が規定されており，一つの入力に対して条件を満たす解が明確に定まる．これらの解を**実行可能解**という（毎回「実行可能解」と書くと長いので，本書では「解」とだけ書くこともある）．一般に実行可能解は複数あり，各解には**コスト**とよばれる値が付いている．**最適化問題**は，実行可能解の中からコスト最大の解やコスト最小の解（**最適解**とよばれる）を求める問題である．コスト最大の解を求める問題を**最大化問題**，コスト最小の解を求める問題を**最小化問題**という．定義としては最適解自身ではなく最適解のコスト（**最適値**や**最適コスト**という）のみを答えればよいが，大抵の場合は解も一緒に求められ，本書の範囲内ではこれらを区別する必要はない．

例を使って説明しよう．グラフ $G=(V,E)$ の**カット**とは，頂点集合 V の V_1 と V_2 への 2 分割（つまり $V=V_1\cup V_2$ かつ $V_1\cap V_2=\emptyset$，$\emptyset$ は空集合の意味）のことである．$u\in V_1$ かつ $v\in V_2$ である枝 (u,v)（つまり，V_1 と V_2 にまたがる枝）を，このカットに対する**カット枝**という．カット枝の数をそのカットの**サイズ**という．たとえば図 2.12(a) のグラフに対する (b) のカットのサイズは 4 である．

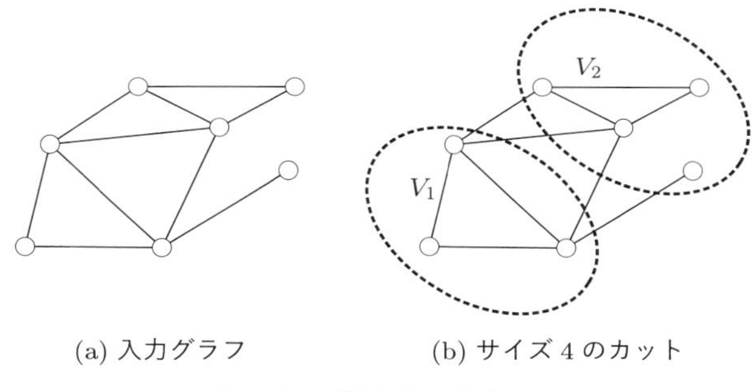

(a) 入力グラフ　　(b) サイズ 4 のカット

図 2.12　グラフとそのカット

最大カット問題では，入力としてグラフ $G=(V,E)$ が与えられる．実行可能解はカットで，カットのコストはそのサイズである．最大カット問題は，サイズ最大のカットを求める最大化問題である．図 2.12(a) のグラフが入力として与えられたとき，最適解は図 2.13 のとおりで，最適値は 8 である（章末問題 2.5）．この問題の最適解は**最大カット**とよばれる．

一方，**判定問題**とは，Yes または No のどちらかで答える問題である．たとえ

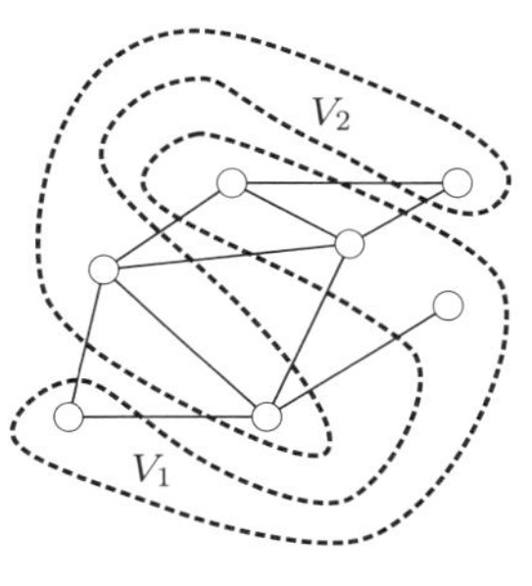

図 2.13　最大カット

ば，**最大カット問題（判定版）**では，入力としてグラフ $G=(V,E)$ のほかに正整数 k が与えられて，「G にはサイズが k 以上のカットがあるか？」を Yes か No で答える．図 2.12(a) のグラフと $k=7$ が入力であれば，答は Yes である．

このように，最適化問題から判定問題への自然な対応関係がある．つまり，最大化問題で基準値 k も一緒に与えて，「最適コストは k 以上か？」を問うと判定問題になる．最小化問題の場合は「以上か？」という問いを「以下か？」に変えればよい．このような関係にあるとき，最適化問題が解ければ当然，判定問題も解けたことになる（得られた最適解のコストを基準値 k と比較すればよい）．逆は自明ではないが，基準値 k を変えながら判定問題を複数回解くことにより，最適化問題を解くことができる（章末問題 2.6）．

なお，第 1 章で見た最大公約数問題やソーティング問題は，このどちらにも当てはまらない．このように，条件を満たす解を求めることが要求される問題は，**探索問題**とよばれる．

最後に言葉を定義しておこう．本書では，「最大公約数問題」や「ソーティング問題」,「最大カット問題」のようなものを**問題**とよび，問題内で具体的に扱う個々の入力（最大公約数問題では (19, 3) や (10, 6) など，ソーティング問題では「10, 9, 2, 6, 5, 1, 8, 4」など）のことを**入力**や**例題**とよぶ．

章末問題

2.1 任意のグラフ $G=(V,E)$ について，$\sum_{v\in V} d(v) = 2|E|$ であることを示せ．

2.2 頂点数 2 以上の木には，次数 1 の頂点（葉）が必ず存在することを示せ．

2.3 木の頂点数が n ならば，枝数が $n-1$ であることを示せ．

2.4 n 頂点の完全グラフ K_n の枝数は $n(n-1)/2$ であることを示せ．

2.5 図 2.12(a) の最大カット問題の例題の最適解は図 2.13 で，その最適値は 8 であるが，これが最適である理由（つまり，サイズ 9 以上のカットが存在しないこと）を示せ．

2.6 判定問題を複数回解くことで最適化問題を解く方法を示せ．

3 分割統治法

アルゴリズムは通常，個々の問題に対して設計するものであるが，広範囲の問題に適用可能な，統一的なアプローチもいくつかある．本書では，そのうちの四つを，本章から第 6 章までにわたり一つずつ見ていく．最初となる本章では，**分割統治法**を紹介する．分割統治法では，まず与えられた例題を分割して，同じ問題に対するいくつかの「部分例題」を作る．一般に，これらの部分例題はもとの例題よりサイズが小さく，重なりのないものである．これらの部分例題を解き終わったら，それらの解をつなぎ合わせて（統治して）一つの解にする．これがもとの例題の解になっているのである．

3.1 クイックソート

第 1 章では，ソーティング問題に対する全探索アルゴリズムと選択ソートを見た．それぞれの計算量は $O(n!)$ と $O(n^2)$ であった（数字が小さい順に並んでいることを確認するのに $O(n)$ 時間は必要なので，前者はより正確には $O(n \cdot n!)$ である）．それでは，これより高速なアルゴリズムはあるのだろうか？　本節では**クイックソート**という分割統治法のアルゴリズムを紹介する．

例を用いて説明する（図 3.1）．簡単のため入力には同じ数字が含まれないとし，入力の数字列が「9, 30, 6, 15, 21, 10, 13, 4, 12, 8」だったとしよう．まず，この数字の中から適当に一つを「基準値」として選ぶ．たとえば「10」が選ばれたとしよう．次に，残りの数字をこの基準値 10 と比較して，小さいものと大きいものとに分ける．これが「分割」フェーズである．図 3.1 では，小さいものを左に，大きいものを右に描いている．

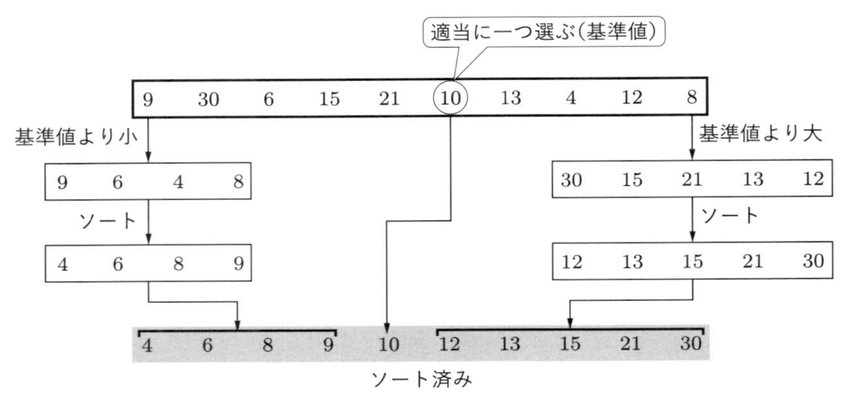

図 3.1　クイックソートの実行の様子

この例では，「9, 6, 4, 8」が左側に，「30, 15, 21, 13, 12」が右側に来る．これら二つの列が，最初に書いた「部分例題」である．これら二つのソーティング問題を解くと，答としてソート済みの二つの列「4, 6, 8, 9」と「12, 13, 15, 21, 30」が得られる．この間に基準値である「10」を挟むと，「4, 6, 8, 9, 10, 12, 13, 15, 21, 30」と全体がソート済みになる．これが「統治」フェーズである．

さて，途中で二つの部分例題を解く工程を省略したが，ここはどうするのだろうか？　これらも，サイズは小さいが同じソーティング問題なので，クイックソートを使うのである．具体的には，「30, 15, 21, 13, 12」の中から基準値

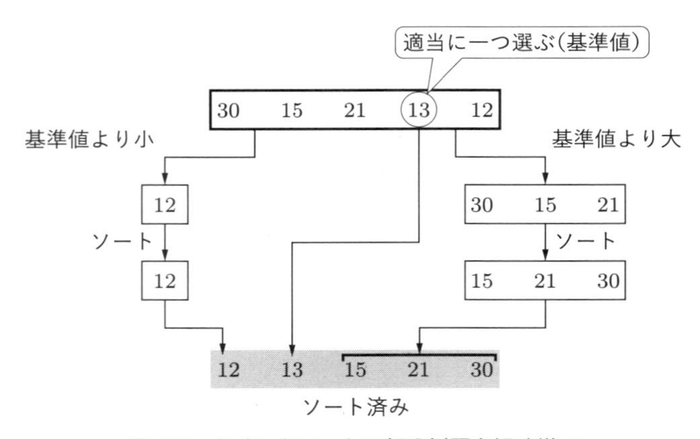

図 3.2　クイックソートで部分例題を解く様子

を適当に選び，それより小さいものと大きいものとに分ける（図 3.2）．この例では「13」が基準値として選ばれており，「12」が左に，「30, 15, 21」が右に行く．左は数字 1 個からなるソーティング問題であり，これは入力がそのまま解となるので何もする必要がない．右側は数字 3 個からなるソーティング問題で，今度もまたクイックソートを使う．

以上の手続きを形式的に書くと，次のようになる．クイックソートを使って列 I をソートするというアルゴリズムを「QuickSort(I)」と書くことにする．

- QuickSort(I)：**入力 I をソートする**

  I が 2 個以上の数字からなる場合

  {I の中から，数字を一つ適当に選び，それを x とする．
  I の中で，x より小さな値からなる入力を A とする．
  I の中で，x より大きな値からなる入力を B とする．
  QuickSort(A) を実行し，その結果を A' とする．
  QuickSort(B) を実行し，その結果を B' とする．
  $A'xB'$ を出力する．}

  I が 1 個以下の数字からなる場合

  {そのまま出力する．}

上の手続きの 3 行目に出てくる A が，I の中で基準値 x より小さな数字の列で，先程の例では左側の部分例題に相当する．B は x より大きな数字の列で，右側の部分例題である．これらをソートし終わった列をそれぞれ A', B' としている．A' は x より小さい数字がソートされており，B' は x より大きい数字がソートされているので，これらを並べた列 $A'xB'$ はソート済みになっているはずである．また，最後の 2 行は入力が一つ以下の数字からなる場合の例外処理である（アルゴリズムの途中で，I として空の列が与えられる可能性があるので，1 個「以下」と書いた）．以上の説明から，正しい答が得られることがわかるであろう．

再帰

上の QuickSort(I) の記述の中に QuickSort(A) が含まれているのを見て，奇妙に思ったかもしれない．このように，クイックソートは自分の内部に自分自身を使っている．これを**再帰**という．再帰の簡単な例に，第1章で出てきた階乗 $n!$ がある．$n!$ の定義を再帰を使わずに書くと，$n! = n \cdot (n-1) \cdot (n-2) \cdot \cdots \cdot 2 \cdot 1$，すなわち n から1までの整数を掛け合わせたものである．一方，再帰を使って階乗の定義を書くと以下のようになる．

$$n! = \begin{cases} n \cdot (n-1)! & (n \geq 2 \text{ のとき}) \\ 1 & (n = 1 \text{ のとき}) \end{cases}$$

実際に $n = 4$ で確かめてみよう．$4! = 4 \cdot 3!$, $3! = 3 \cdot 2!$, $2! = 2 \cdot 1!$ で，ここで下段を使って $1! = 1$ である．これらを組み合わせると，$4! = 4 \cdot 3 \cdot 2 \cdot 1$ となり，確かに再帰を使わない定義と一致する．下段は $n = 1$ の場合の例外処理で，これがなく上段だけだと，階乗の定義に常に階乗が含まれるので堂々巡りになる．QuickSort(I) の最後の2行の例外処理も同じで，これがないと，QuickSort の内部で QuickSort を使い続けるので，アルゴリズムはいつまでたっても終わらないことになる．

■ クイックソートの計算時間

それではクイックソートの計算時間を考えてみよう（図3.3）．アルゴリズム

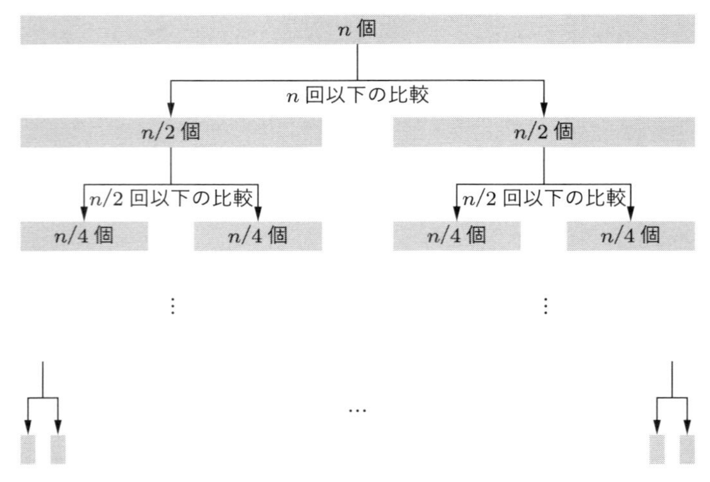

図3.3　毎回均等に分割された場合のクイックソートの実行の様子

は最初に基準値を選んで，二つの部分例題を作る．これら二つの部分例題のサイズは基準値次第だが，まずは簡単のため，例題はちょうど半分に分かれると仮定する．すなわち，最初 n 個あった数字は，$n/2$ 個と $n/2$ 個に分かれる．実際は n が偶数か奇数かにより場合分けが必要だし，基準値はどちらにも現れないので 1 を引く必要があるが，そこは大雑把に見積もることにする．この分割フェーズでは，基準値とそれ以外の $n-1$ 個の数字を比較するので，n 回以下の比較で実行できる．次に，サイズ $n/2$ の例題を考える．これを分割する際も，$n/2-1$ 個の数字を基準値と比較すればよいので，比較回数は $n/2$ 回以下である．2 段目ではサイズ $n/2$ の部分例題が 2 個あるので，分割フェーズは全部で $n/2 \times 2 = n$ 回以下の比較で済む．3 段目はサイズ $n/4$ の部分例題が 4 個あるので，3 段目から 4 段目への分割も，全部で $n/4 \times 4 = n$ 回以下の比較で済む．以上のように，各段において比較回数は n 回以下である．つまり，段数を t と書くと計算時間は $O(nt)$ になる．よって t の値，すなわち分割が何段行われるかを見積もる必要がある．

クイックソートでは，入力中の数字が 1 個または 0 個になったら，それ以上分割しないのであった．したがって，n 個のものを半分にする操作を何回繰り返したら 1 個になるかを考えればよい．簡単のため $n = 2^k$ としよう．これが半分になると 2^{k-1}，それが半分になると 2^{k-2} と，肩の数字が 1 ずつ減っていく．目標の 1 は 2^0 なので，k から 1 ずつ減らしていって 0 になるまでの回数が t，すなわち $t = k$ である．$n = 2^k$ を k について解くと $k = \log_2 n$ なので，$t = k = \log_2 n$ であり，クイックソートの計算量は $O(n \log_2 n)$ となる．

ここで，$\log_a n = \log_a b \cdot \log_b n$ である（高校数学で習った人もいるかもしれない）．a や b が定数だと，$\log_a b$ も n に無関係の定数である．つまり $\log_a n$ と $\log_b n$ は定数倍しか違わない．第 1 章で見たように，O 記法では定数倍の違いは無視するルールなので，log の底は 1 より大きければ計算量に影響しない．よって，計算量は $O(n \log n)$ と書く．

選択ソートの計算量は $O(n^2)$，つまり $O(n \times n)$ であった．クイックソートでは，この二つの n のうち一つを $\log_2 n$ に改善したと考えることができる．表 3.1 のように，$\log_2 n$ は n に比べて増加が非常に緩やかである．上でも述べたように $k = \log_2 n$ とすると $n = 2^k$ なので，n を $\log_2 n$ に改良したということ

表 3.1　n と $\log_2 n$ の比較

n	2	16	1024	1048576
$\log_2 n$	1	4	10	20

は，2^k（指数）を k（多項式どころか線形（1 次式））に改良したことになる．この改良の度合いは非常に大きい．

しかし，これで喜んではいけない．解析の最初に，「例題サイズが毎回半分になる」という仮定をおいていたことを思い出してほしい．実はこれは最も都合のよい仮定であり，通常このようなことが起こるとは考えづらい．では逆に，毎回都合の悪いことが起こったらどうなるだろうか？　これはサイズがアンバランスになるときであり，極端な場合は図 3.4 のように，n 個の整数が 0 個と $n-1$ 個に分かれ，次の段では 0 個と $n-2$ 個，その次は 0 個と $n-3$ 個に分かれるという具合に進んでいく．図 3.3 で見たように，どう分かれようとも 1 段での比較回数は n 程度だから，段数を t とするとやはり $O(nt)$ となる．今回は数字が 1 個になるのに n 段かかる，すなわち $t=n$ であることが容易にわかるであろう．したがって，最悪のことが起きた場合には，クイックソートの計算量は $O(n^2)$ である（数字は 1 個ずつ減っていくので比較回数は約 $n^2/2$ であるが，何度もいっているように係数の 1/2 は無視する）．

ところで，データが 0 個と残りすべてに分かれるということは，基準値とし

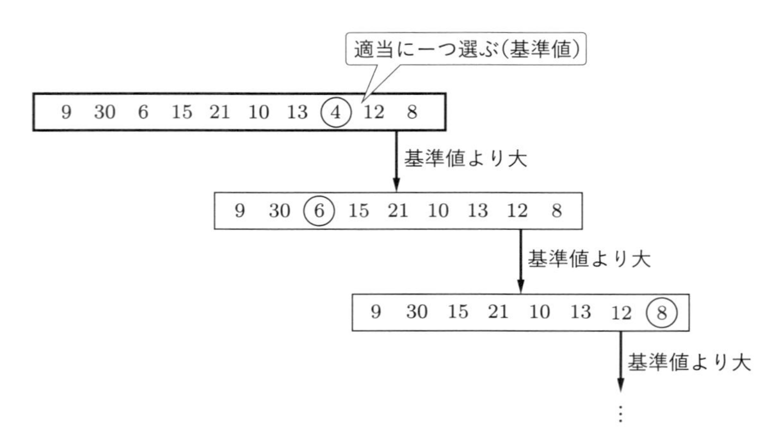

図 3.4　最悪の場合のクイックソートの実行の様子

て入力中で最小の数字を選んだということである．これが毎回起きるということは，毎回最小値を選んでは，それを前に出していることと同じである．つまりこの場合は，選択ソートと同じことをやっていることにほかならない．よって，この場合の計算量が選択ソートと同じ $O(n^2)$ になることもうなずける．

なお，入力の中から基準値を一様ランダムに選ぶ（つまり n 個の数字があったら，それぞれを確率 $1/n$ で選ぶ）とした場合，比較回数の平均が約 $1.39n\log_2 n$ になることが知られている．これはオーダーで表記すると $O(n\log n)$ である．まとめると，クイックソートは最悪計算量 $O(n^2)$，平均計算量 $O(n\log n)$ だということができる．

実際，人間もクイックソートに似たことをやっているのではないだろうか．200 枚のテストの答案を得点の低い順に並べることを考えてみよう．選択ソートのように，1 枚 1 枚最小値を見つけ出すことはしないだろう．まして全探索アルゴリズムのように，毎回順列を作り替えることはしないだろう．大抵は，0〜9 点，10〜19 点，20〜29 点，... と，10 の位で大別して 10 個の山を作り，それぞれの山ごとにソートして，全体をまとめるのではないだろうか．これは，クイックソートで二つの部分例題を作ったのに対し，10 個の部分例題を作っていることに相当する．また，普通はそれほど不合格者はいないので，60 点未満の人はわずかだろう．一旦全体を見ればそういう分布はわかるので，0〜59 点，60〜69 点，70〜79 点，80〜89 点，90〜100 点のように分類するかもしれない．部分例題のサイズを均一にするほうが早く終わることを経験的に知っており，それを無意識に利用しているのである．

3.2　マージソート

では，最悪計算量も $O(n\log n)$ になるようなアルゴリズムはないのだろうか？　そのようなものの一つに，分割統治法に基づく，**マージソート**とよばれるアルゴリズムがある．発想は単純で，クイックソートで毎回データが半分になれば $O(n\log n)$ なのだから，強制的に半分にしてやろうというものである．

図 3.5 を見てみよう．入力列「9, 30, 6, 15, 21, 10, 13, 4, 12, 8」を前半の五つ「9, 30, 6, 15, 21」と後半の五つ「10, 13, 4, 12, 8」に分割し，二つの部分

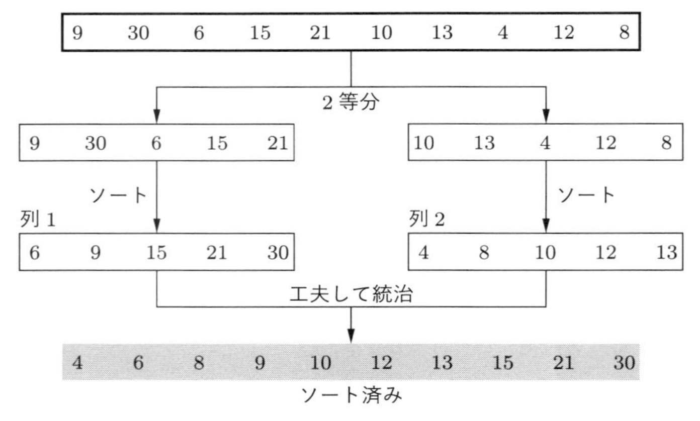

図3.5　マージソートの実行の様子

例題を作っている．それぞれを解き，得られた二つのソート済み列を統合してもとの例題の解を得ている．ただし，今回は基準値に従って分けたわけではないので，二つの列を単にくっつけただけではもとの例題を解いたことにはならない．今回はくっつけ方を工夫しなければならない．

ソートされた二つの列「6, 9, 15, 21, 30」(列1)，「4, 8, 10, 12, 13」(列2)があったとしよう．このとき全体の最小値は，列1の先頭の6か，列2の先頭の4のどちらかである．よって，二つの列の先頭の値を比較して，小さいほう(いまの場合は列2の「4」)を解の先頭に移動してやればよい(図3.6)．これは二つの列がソート済みであることの恩恵である．列1は「6, 9, 15, 21, 30」のまま，列2は「4」がなくなるので「8, 10, 12, 13」，解は「4」となる．

解の「4」の次に来る数字は，やはり列1と列2の先頭のうち小さいほうである．この場合は6と8を比較して，6のほうが小さいので列1の先頭から解の末尾に移動してやる．結果，列1は「9, 15, 21, 30」，列2は「8, 10, 12, 13」，

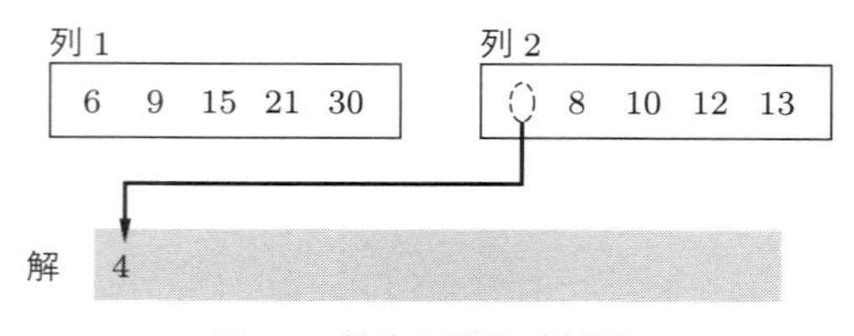

図3.6　統治の様子（先頭）

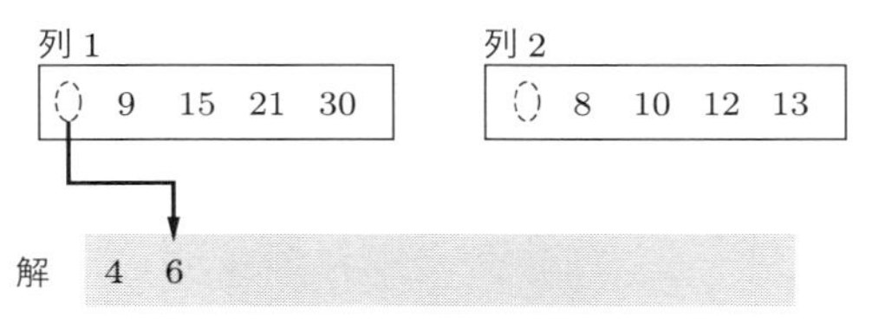

図 3.7　統治の様子（先頭から二つ目）

解は「4, 6」となる（図 3.7）．以下同じことを繰り返すと，最終的に解として「4, 6, 8, 9, 10, 12, 13, 15, 21, 30」が得られる．途中でどちらかの列が空になった場合には，残ったほうをそのまま解の末尾にくっつければよい．以上の操作を，「列 1 と列 2 を**マージする**」ということにする．

列 1 と列 2 の先頭の数字を比較するごとに一つの数字が解の列に移動するので，列 1 と列 2 の長さの合計（＝入力の長さ）を n とすると，それらをマージするのにかかる比較回数は n 以下である．マージソート全体の記述を以下に示す．

- MergeSort(I)：**入力 I をソートする**

　I が 2 個以上の数字からなる場合

　　{I を同じサイズの二つの列 A と B に分ける．

　　 MergeSort(A) を実行し，その結果を A' とする．

　　 MergeSort(B) を実行し，その結果を B' とする．

　　 A' と B' をマージし，その結果を出力する．}

　I が 1 個以下の数字からなる場合

　　{そのまま出力する．}

クイックソートでは二つの解の統合は自明であったので，実行の様子は図 3.3 のように描いたが，マージソートをより忠実に図示すると図 3.8 のようになるだろう．前半で，n 個の列を 1 個になるまで半分半分に分割していく．ここでは比較は必要なく，単に与えられた列を右と左に分ければよい．分ける操作をするというより，与えられた列が 1 個ずつバラバラだったと見なせばよい．後半の統合フェーズではマージが行われる．二つの長さ k の列は $2k$ 回以下の比較によって長さ $2k$ の列にマージされるように，マージに必要な比較はマージ後の列の長さ以下なので，各段における比較の総数は n 回以下である．マージの段

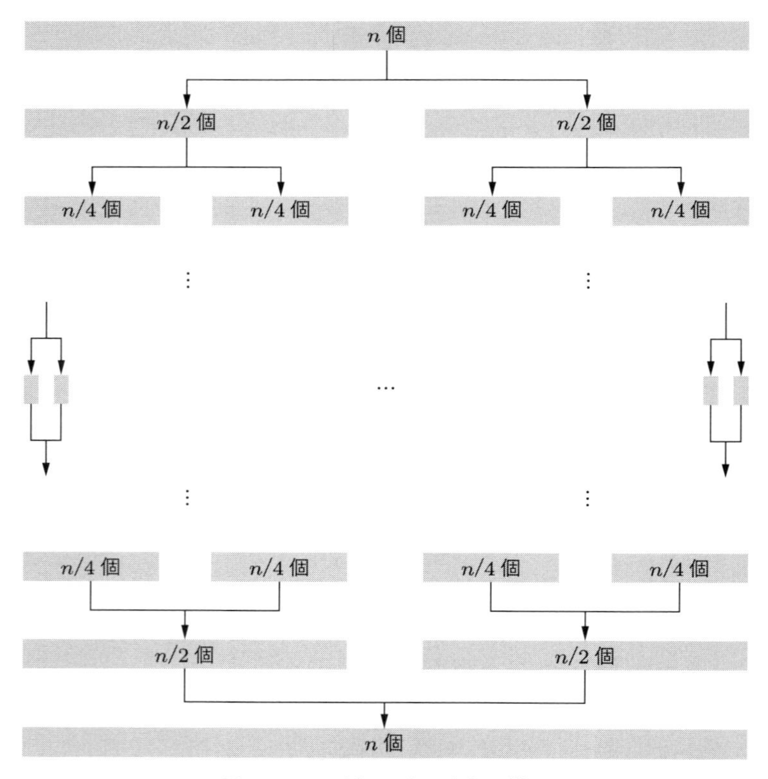

図 3.8　マージソートの実行の様子

数はクイックソートのところで検討したように $\log_2 n$ になるので，マージソート全体の計算量は $O(n \log n)$ である．これは，クイックソートの場合と違って最悪計算量である．

解析からわかるように，マージソートと（理想的な場合の）クイックソートは段数は同じで，クイックソートは分割1段で n 回の比較，マージソートは統治1段で n 回の比較をする．つまり，クイックソートは分割に手間をかけていた分，統治が楽なのに対し，マージソートは分割に手間をかけていない分，統治のほうに手間がかかっている．かける手間は「n」で同じでも，かけている場所が違うのである．

次に考えるべきは $O(n \log n)$ よりもさらに計算量の小さいソーティングアル

ゴリズムであるが，そのようなアルゴリズムは存在しないことが知られている．正確には，入力中の二つの数字の大小を比較し，その結果に基づいて行動を変えるというアルゴリズムでは，どうしても $n \log n$ に比例した回数の比較が必要である．たとえばクイックソートでは，分割の際に数字 y と基準値 x を比較し，y のほうが小さかったら左へ，大きかったら右へ分類する．これはまさにこのタイプのアルゴリズムである．

なお第 1 章において，O 記法は「計算量はこれ以下である」と，（きれいな）関数で上からおさえることを意味すると説明した．これとは逆に，計算量を下からおさえるには Ω（オメガ）を使う．つまり上述したことを専門的にいうと，「比較に基づいたソーティングアルゴリズムの計算量はどれも $\Omega(n \log n)$ である」となる．

章末問題

3.1 クイックソートでは，入力に同じ数字が含まれないという前提があった．同じ数字が含まれる場合は，3.1 節に示した手順のどこをどのように修正すればよいか答えよ．

3.2 ハノイの塔には下図のように A, B, C の 3 本の杭がある．また，中央に穴の空いた直径のすべて異なる円盤が n 枚あり，これらは最初，下から上に向かって大きな順に杭 A に刺さっている．これをそのままの形で杭 C に移したい．ただし，1 回に動かせる円盤は 1 枚で，また円盤の上にそれより大きな円盤を載せてはならない．これを実行するアルゴリズムを，再帰を使って記述せよ．

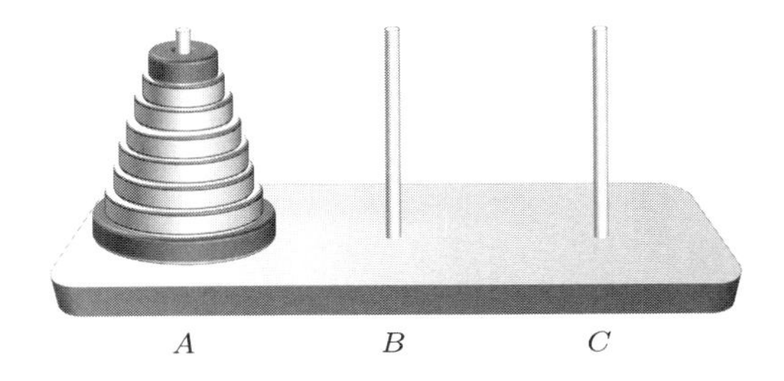

4 貪欲法

貪欲法（**貪欲アルゴリズム**）は，**欲張り法**や（「貪欲」の英語をカタカナで表記して）**グリーディーアルゴリズム**ともよばれる．これは，ステップごとに何らかの選択をする（たとえば，たくさんある対象物の中で，どれか一つを解に加える）ようなアルゴリズムで，後のことを考えずにその場その場で最も得をする選択をするものである．貪欲法といっても明確な定義があるわけではなく，このような動きをするアルゴリズム全般をそのようによぶのである．したがって，同じ問題にも複数の貪欲法が考えられる場合もある．本章では四つの問題に対する貪欲法を見ていこう．

4.1 最小全域木問題

ある大学は a, b, c, d, f の五つのキャンパスをもっており，互いに通信できるようにこれらを光ファイバで結びたい．ただし，二つのキャンパス間に光ファイバを張る際に，距離などの条件に応じて敷設費用（コスト）が異なる．また，地形により直接光ファイバを張ることができない場合もある．このような状況を枝重み付きグラフを使って図示したものが図 4.1 である．各頂点はキャンパスに対応しており，枝は二つのキャンパス間に光ファイバを張れることを示している．つまり b と f の間に枝がないのは，ここには光ファイバを張れないことを意味している．また，各枝の重みは，そこにファイバを張ったときのコスト（単位 1000 万円）を表している．たとえば，キャンパス c と f の間にファイバを敷設すると 7000 万円かかる．

二つのキャンパス間で通信するとき，直接光ファイバで結ばれていなくても

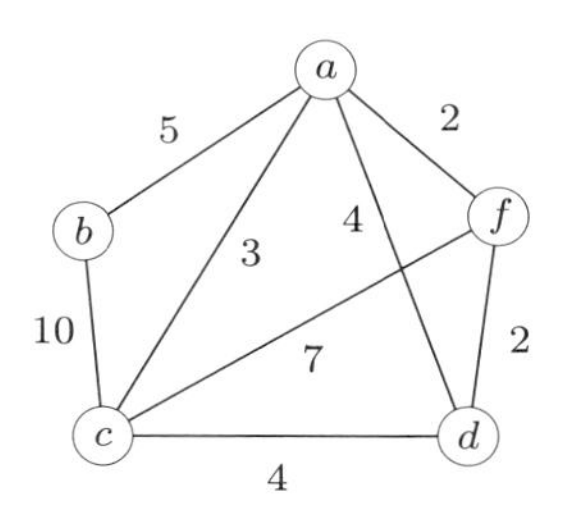

図 4.1 光ファイバの敷設費用を表すグラフ

よい．たとえば c-d 間と d-f 間にファイバがあれば，c-f 間のファイバがなくても c と f は通信できる．もちろん，敷設可能なすべての 2 点間にファイバを張れば目的は達成できるが，コストはできるだけ安く抑えたい．

この問題は，グラフにおける有名な最適化問題で，**最小全域木問題**とよばれる．グラフの言葉で定義してみよう．入力は枝重み付きグラフ $G = (V, E, w)$ で，枝のコストはすべて正である．実行可能解は枝の集合で，それらの枝のみを使ってグラフ全体が連結になるものである．また，実行可能解 X のコストは，X に含まれる枝の重みの総和 $\sum_{e \in X} w(e)$ である．これは最小化問題で，できるだけコストの小さい実行可能解を求めよという問題である．

図 4.2 を見てみよう．ここでは選んだ枝を太線で表している．図 4.2(a) は実行可能解ではない．グラフ全体が連結になっていないからである．一方，図 4.2(b) は実行可能解であり，そのコストは $5 + 4 + 2 + 2 + 7 = 20$ である．しかしこれは，明らかに最適解ではない．なぜなら閉路 a-f-d-a を含んでおり，この閉路に含まれる三つの枝のうち，どの 1 本を捨ててもグラフは依然として連

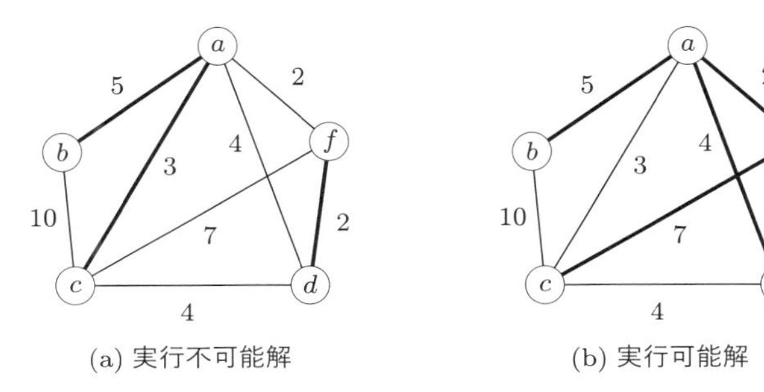

(a) 実行不可能解　　(b) 実行可能解

図 4.2 最小全域木問題の実行不可能解と実行可能解

結であり，コストは小さくなるからである．この考察からわかるように，最適解は閉路を含まない．また，条件から，すべての頂点が連結していなければならない．すなわち最適解は木である．特に，もとのグラフ G のすべての頂点を含むものを**全域木**という．この問題は，与えられたグラフからコスト最小の全域木を求める問題なので，最小全域木問題とよばれている．

この例題に対する最適解は図 4.3 のとおりで，最適解のコストは 12 である．

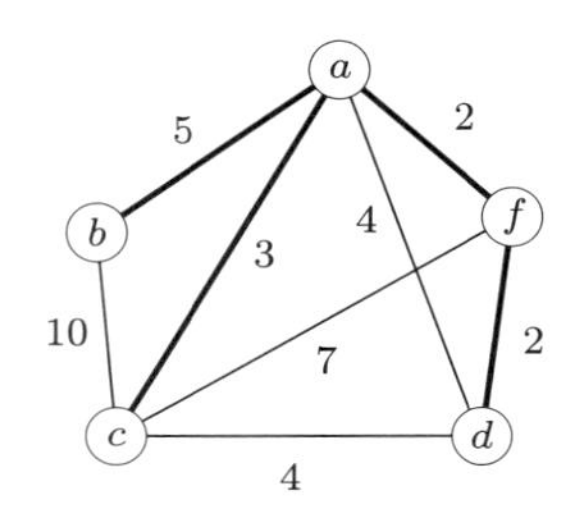

図 4.3 最小全域木問題の最適解

■ プリムのアルゴリズム

以下では，最小全域木問題に対する貪欲法の一つである**プリムのアルゴリズム**を紹介する（プリムはアルゴリズム開発者の名前である）．これは，枝を一つずつ解に加えていくというアルゴリズムである．まず最初はすべての頂点がバラバラで，そのうち一つを任意に選んで最初の連結成分とする．以降は枝を選びながらこの連結成分を「成長」させていって，最終的にグラフ全体を連結成分にしようというものである．

例を用いて説明しよう．図 4.4 を参照してほしい．最初の連結成分として頂点 a を選ぶ．連結成分に含まれる頂点の集合を C としよう．つまり $C = \{a\}$ である．a とそれ以外を結ぶ枝の中で，重みの最も小さいものを選び，解に加える．この場合は重み 5, 3, 4, 2 の枝があるので，重み 2 の (a, f) が選ばれる．この結果，連結成分が成長し，$C = \{a, f\}$ となる．

次に，C の頂点 a, f とそれ以外の b, c, d の間には，重み $5, 3, 4, 7, 2$ の枝がある．このうち最も重みの小さい枝 (d, f) を選んで，$C = \{a, d, f\}$ となる．以下同様に進んでいき，図 4.3 と同じ最適解が得られる．なお，途中で最小重みの枝が複数あった場合には，そのうちどれを選んでもよい．

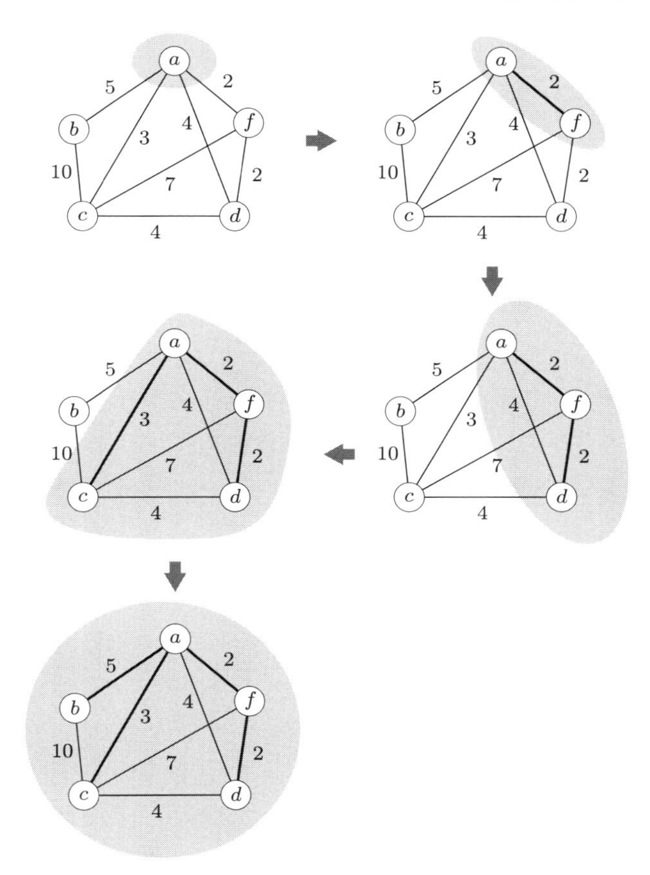

図 4.4　プリムのアルゴリズムの実行の様子

それでは，プリムのアルゴリズムを一般的に書いてみよう．X は解に含まれる枝の集合を表す．$\setminus$ は集合の引き算で，$V \setminus C$ は V に入っているが C には入っていない頂点の集合を意味する．また，前述したように，$\emptyset$ は空集合を意味する．

● プリムのアルゴリズム

ステップ 1　$X := \emptyset$ とする．

ステップ 2　頂点を一つ任意に選んで x とし，$C := \{x\}$ とする．

ステップ 3　$C = V$ となるまで，ステップ 4 と 5 を繰り返す．

ステップ 4　C の頂点と $V \setminus C$ の頂点を結ぶ枝の中で，重み最小のものを $e=(u,v)$ とする（$V \setminus C$ に入るほうの端点を u とする）.

ステップ 5　$X := X \cup \{e\}, C := C \cup \{u\}$ とする.

ステップ 4 において，現在の連結成分を成長させるために枝を選ぶのだが，毎回対象の中で重みの最も小さい枝を選ぶところが貪欲法である．

n 個の頂点と m 本の枝をもつグラフに対するプリムのアルゴリズムは，ナイーブな実装をすると（つまりアルゴリズムを記述に従って素直に実装すると），計算量は $O(mn)$ になる．1 回の繰り返しで C の頂点数が一つずつ増えていくので，n 個の頂点すべてが C に入るまでに行う繰り返しは $n-1$ 回である．また，枝は m 本なので，各回で候補となる枝数は当然 m 以下である．その中から重み最小の枝を探し出すのは $O(m)$ 時間でできる．つまり，1 回の繰り返しが $O(m)$ 時間で，それを n 回繰り返すので $O(mn)$ である．データ構造を工夫することにより，これより高速化することもできる．

最後に，プリムのアルゴリズムが正しく最適解を出力することを示す．簡単のため，すべての枝の重みが異なることにしよう．以下では木 T のコスト（つまり，含まれる枝の重みの総和）を $c(T)$ と書く．

プリムのアルゴリズムが出力する解（木）を T^p とする．これが最適解でないと仮定して矛盾を導く．最適解でないということは，最適解 T^* が別に存在して $c(T^*) < c(T^p)$ を満たす．これらを図 4.5 に示した．この図では，もとのグラフ G の枝は省略しており，それぞれの解に含まれる枝だけを描いている．

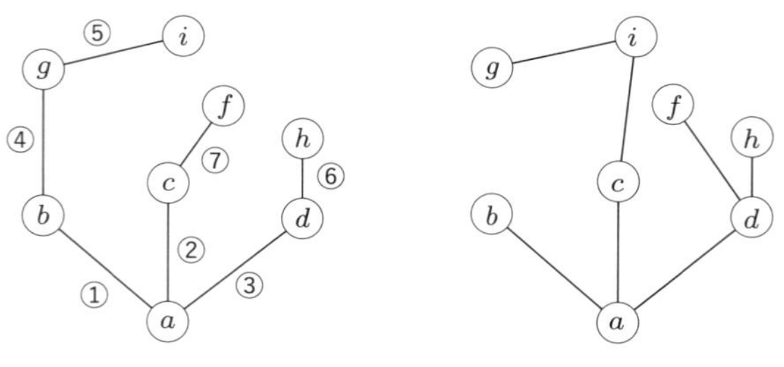

(a) プリムのアルゴリズムの解 T^p　　(b) 最適解 T^*

図 4.5　プリムのアルゴリズムの解 T^p と最適解 T^*

T^p の各枝に付いている番号は，プリムのアルゴリズムが枝を追加していった順番である．ここで，プリムのアルゴリズムが初めて T^* に含まれない枝を選ぶ直前の状況を考える．いまの例では④とラベル付けされている枝 (b, g) である．この時点でのプリムのアルゴリズムの状態は，図 4.6(a) のようになっている．つまり，頂点 a, b, c, d が一つの連結成分になっており，それ以外はバラバラである．この連結成分 C を最適解のほうにも図示すると，図 4.6(b) のようになる．

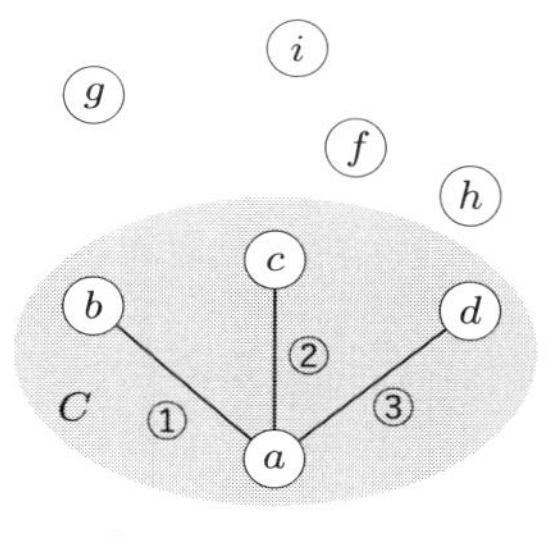

(a) プリムのアルゴリズムが枝 (b, g) を選ぶ直前

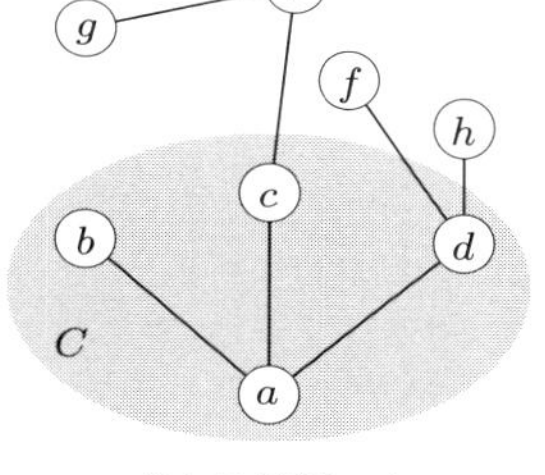

(b) 最適解 T^*

図 4.6　プリムのアルゴリズムが枝 (b, g) を選ぶ直前と最適解 T^*

ここで最適解 T^* に，いま注目している枝 (b, g) を付け加えてみよう（図 4.7(a)）．T^* は全域木だったので，もともと b から g に行く経路（道）があった（この例では b-a-c-i-g）．そこに (b, g) を付け加えたので，閉路 b-a-c-i-g-b ができる．$b \in C$, $g \in V \setminus C$ なので，この閉路上には (b, g) 以外に，片方の端点が

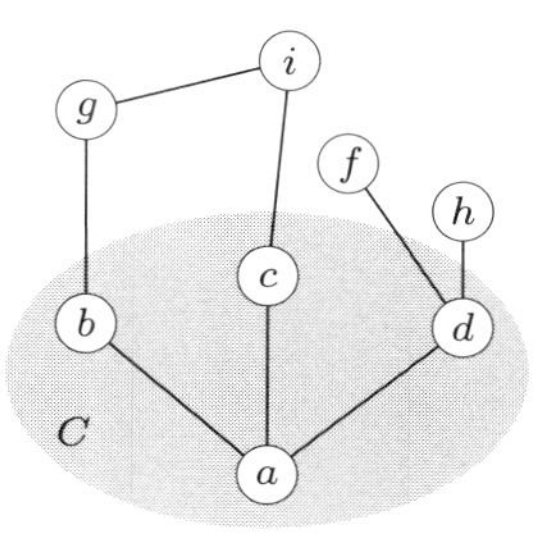

(a) T^* に (b, g) を加えた結果

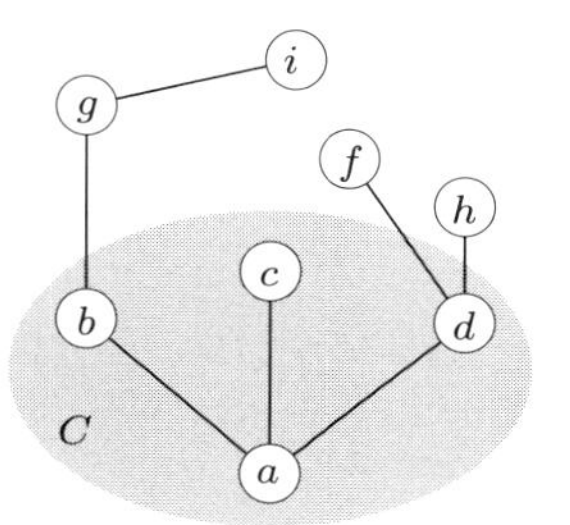

(b) 全域木 T^{**}

図 4.7　最適解 T^* の変形の様子

C にあり他方の端点が $V \setminus C$ にある枝がある．この例では (c,i) である．この枝 (c,i) を取り去ることで，全域木 T^{**} を得る（図 4.7(b)）．

さてここで，図 4.6(a) に戻ってみよう．この時点で枝 (c,i) も選択の対象に入っているのに，アルゴリズムは (b,g) のほうを選んだ．ということは，アルゴリズムのルールから $w(b,g) < w(c,i)$ である（同じ重みの枝がないことに注意）．さて，T^{**} のコストを考えてみよう．以上の考察より，$c(T^{**}) = c(T^*) + w(b,g) - w(c,i) < c(T^*)$ となり，T^{**} のほうが T^* よりコストが小さい．これは，T^* が最適であったことに矛盾する．よって最初の仮定が間違っており，プリムのアルゴリズムが最適解を求めることが結論付けられた．

なお，上記の証明は同じ重みの枝がないという前提をおいていたが，修正を施すことで，同じ重みの枝がある場合にもプリムのアルゴリズムが正しく動くことを示せる（章末問題 4.2）．

■ クラスカルのアルゴリズム

プリムのアルゴリズムと同様に最適解を求めることのできる**クラスカルのアルゴリズム**を簡単に紹介する（クラスカルも人名である）．クラスカルのアルゴリズムでは，まず枝を重みの小さい順にソートする（同じ重みの枝の順番は任意でよい）．解となる枝集合は最初空集合であり，枝をソートされた順番に見て，解に加えるか否かを決定していく．そのルールは，「いま見ている枝 e を現在の解に加えても閉路ができない場合は，e を解に加える．閉路ができる場合は e を解に加えない」というものである．本節の最初に述べたように解は閉路を含まないので，毎回「解に加えることのできる重み最小の枝」を選んでいるという点で，貪欲なアルゴリズムである．

● クラスカルのアルゴリズム

ステップ 1　$X := \emptyset$ とする．

ステップ 2　枝を重みの小さい順にソートして $e_1, e_2, \ldots, e_m$ とする．

ステップ 3　$i := 1$ とする．

ステップ 4　X が全域木になるまで，ステップ 5 と 6 を繰り返す．

ステップ 5　$X \cup \{e_i\}$ が閉路をもたないならば $X := X \cup \{e_i\}$ とする．閉路をもつならば何もしない．

ステップ6　$i := i + 1$とする.

アルゴリズムの計算量の主な部分は，ステップ2とステップ5である．ステップ2の計算量は，m本の枝をソートするのにかかる$O(m \log m)$となる．ステップ5は$e_i = (u, v)$とするとき，$X \cup \{e_i\}$が閉路をもつか否かは，uとvがXにおいて同じ連結成分に属するか否かにかかっている．よって，各頂点がどの連結成分に所属するかを常に管理しておき，Xに枝が加わるたびにそれを更新すればよい．詳細は省略するが，集合を管理するデータ構造を使うことで，ステップ5はアルゴリズム全体を通して$O(m \log n)$時間で実行可能である（参考文献［浅野，2017年］参照）．入力グラフは連結と仮定してよいため$m \geq n-1$であり，クラスカルのアルゴリズムの計算量は$O(m \log m)$となる．

4.2　最大独立頂点集合問題

ボランティアの募集をしていたところ，8人から応募があった．もちろん全員を採用したいが，あまり気の合わない人どうしがいると全体のムードが悪くなるので，慎重に選ばなければいけない．そこで，事前に8人全員に集まってもらい，様子を観察してみたところ，やはり気の合わない人はいるようで，その結果をグラフ化すると図4.8のようになった．応募者には1から8の番号を付けて頂点にし，気の合わないペア間には枝を張ってある．つまり1番と4番は気が合わないが，1番と7番はうまくやっていけそうである．できるだけ多くの人にボランティアに来てほしいが，気の合わない2人を採用したくはない．

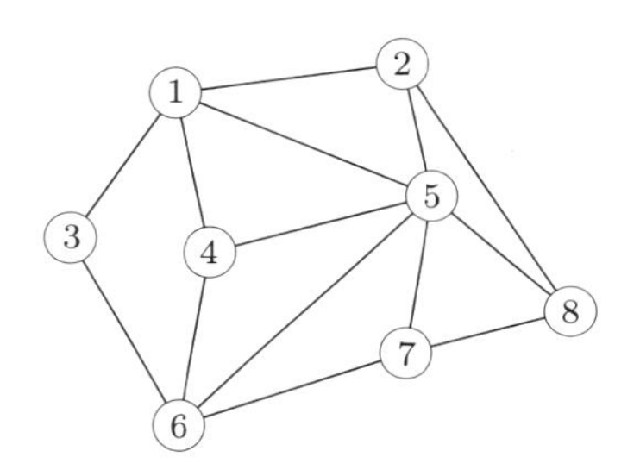

図4.8　ボランティア候補者のグラフ

この問題は，**最大独立頂点集合問題**とよばれる最適化問題である．入力はグラフ $G = (V, E)$ である．V の部分集合 C が**独立頂点集合**であるとは，C に含まれるどの2頂点間にも枝がないことである．たとえば $C_1 = \{1, 2, 7\}$ は頂点1と2の間に枝があるので独立頂点集合ではないが，$C_2 = \{3, 4, 8\}$ は独立頂点集合である．独立頂点集合のサイズとは，その集合に含まれる頂点数である．たとえば C_2 のサイズは3であり，$|C_2| = 3$ のように書く．この問題は，与えられたグラフの最大サイズの独立頂点集合を求める最大化問題である．2.2節のいい方に従うならば，実行可能解は独立頂点集合で，そのコストは解に含まれる頂点の数である．図4.8の例題に対する最適解は $C_3 = \{2, 3, 4, 7\}$ で，そのサイズは4である（章末問題4.3）．つまり，これらの頂点に対応する4人をボランティアに採用すればよい．

最大独立頂点集合問題は**NP困難**とよばれる問題の一つで，現在のところ多項式時間アルゴリズムは見つかっていない（多項式時間アルゴリズムは存在しないだろうと考える人が多いが，それもまだ証明されていない）．ただし，入力グラフが木だった場合には，貪欲法を使って多項式時間で最適解を求めることができる．ここではそれを紹介しよう．

入力が木の場合の貪欲法

木とは閉路のない連結なグラフであった．その中の任意の1頂点を選び，**根**と名付ける．この根を一番上にもってきて，葉が下にくるように配置する（図4.9）．各頂点について，自分の直下にある頂点を，その頂点の**子**とよぶ．たと

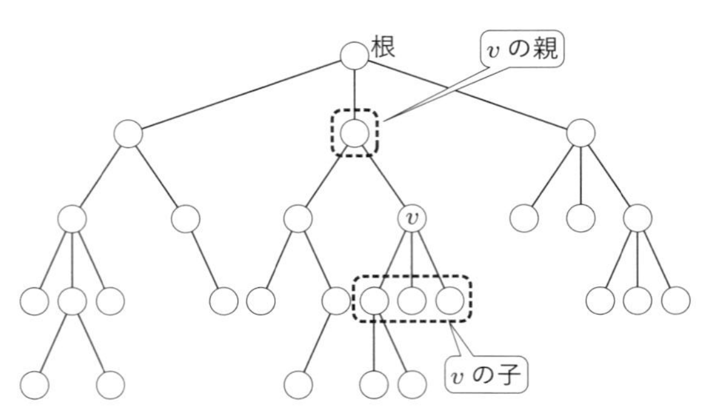

図4.9　入力の木

えば，図 4.9 の頂点 v は三つの子をもっている．葉は子をもたない．また，v の直上にある頂点を v の**親**とよぶ．根は親をもたないが，根以外の頂点は親が一意に定まる．

アルゴリズムは単純で，葉から根に向かって各頂点を以下のルールで黒かグレーに塗っていくというものである．

- 葉は黒で塗る．
- すべての子が塗られている頂点 v を以下のように塗る．
  - v の子がすべてグレーならば，v を黒で塗る．
  - v の子に一つでも黒があれば，v をグレーで塗る．

図 4.9 のグラフにこれを適用すると，図 4.10 のようになる．最後に黒い頂点の集合を解として出力する．

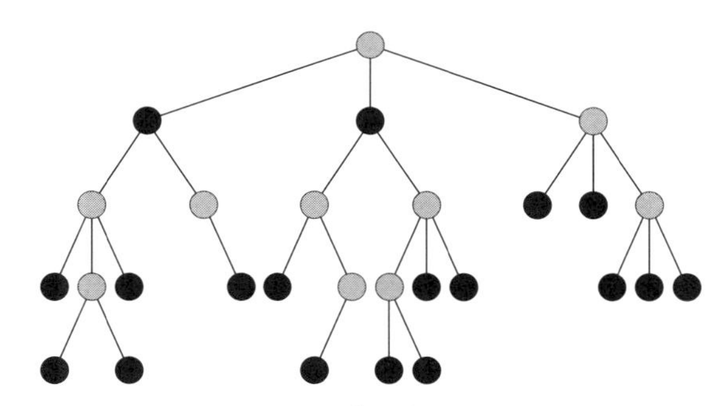

図 4.10 アルゴリズム実行後の木

v を黒で塗るということは，v を独立頂点集合に入れることを意味する．このアルゴリズムは，v に色を付ける際，その子の中に黒がない場合は v を黒にする．つまり，v を独立頂点集合として選べる場合は必ず選ぶので，貪欲法である．このアルゴリズムは，根から出発して木の頂点を訪問していく**深さ優先探索**とよばれる操作を行うことにより，$O(n)$ 時間（線形時間）で実行することができる．

それでは，アルゴリズムの正しさを証明する．アルゴリズムの出した答を S とする．いまの場合は，黒とグレーの塗り分け方を S とよぶことにしよう．証明の方針は，「入力の木に対する任意の独立頂点集合 A は，サイズを小さくす

ることなく S に変形できる」ことを示すというものである．すると，任意の独立頂点集合 A に対して $|S| \geq |A|$ となるので，S の最大性がいえる．

A のほうも S と同様に黒とグレーで塗る．つまり，A に選ばれている頂点を黒で，選ばれていない頂点をグレーで塗る．もし $A = S$ であれば上記の命題は自明に成立するので，$A \neq S$ とする．すると，A と S で色の違う頂点が存在する．このような頂点の中で，最も下にある頂点を v とする．つまり，v より下は A と S で塗り方が同じで，v の塗り方が異なる（図 4.11）．このような v は複数あるかもしれないが，そのうち一つを任意に選ぶ．

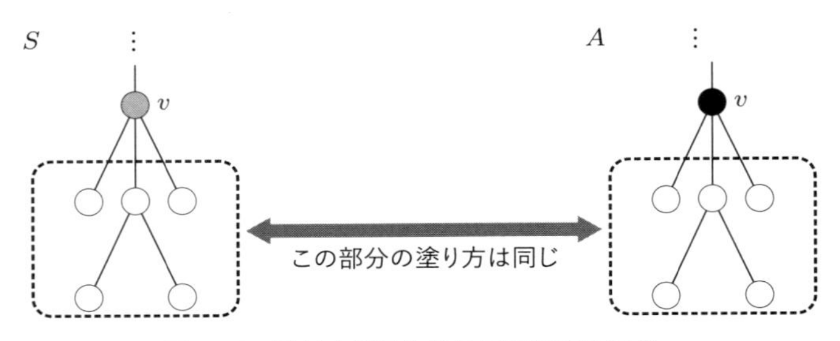

図 4.11　塗り方が異なる最も下にある頂点 v

v が葉の場合，ルールより v は S では黒なので，A ではグレーである（図 4.12）．

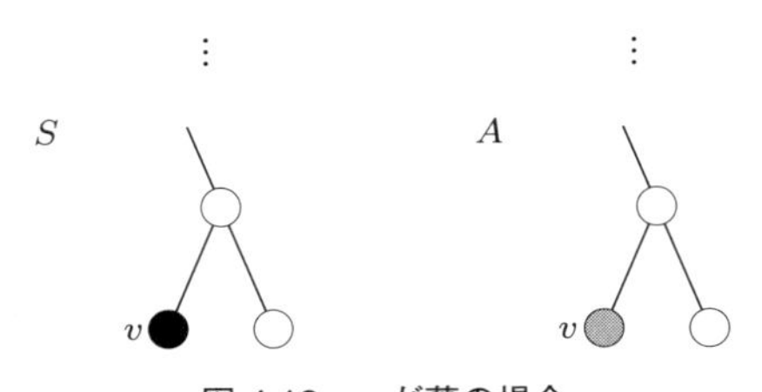

図 4.12　v が葉の場合

A において，v の親がグレーならば，v を黒に変更する（図 4.13(a)）．v の親が黒ならば，それをグレーにし，v を黒にする（図 4.13(b)）．これにより，S と同様に v を黒にできた．この過程で，隣接する頂点が共に黒になることはなく，黒の頂点の数が減ってもいないことに注意しよう．

v が葉でない場合，v が S ではグレーで，A では黒ということ（つまり図 4.11 のような状態）はあり得ない（章末問題 4.4）．よって図 4.14 のように，v が S

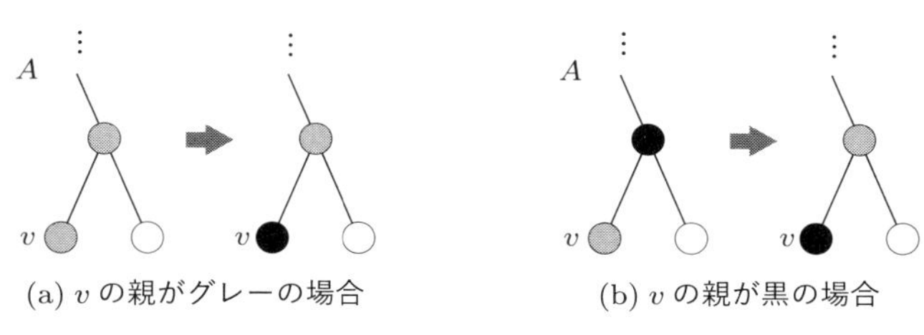

(a) v の親がグレーの場合　(b) v の親が黒の場合

図 4.13　色の入れ替え（v が葉の場合）

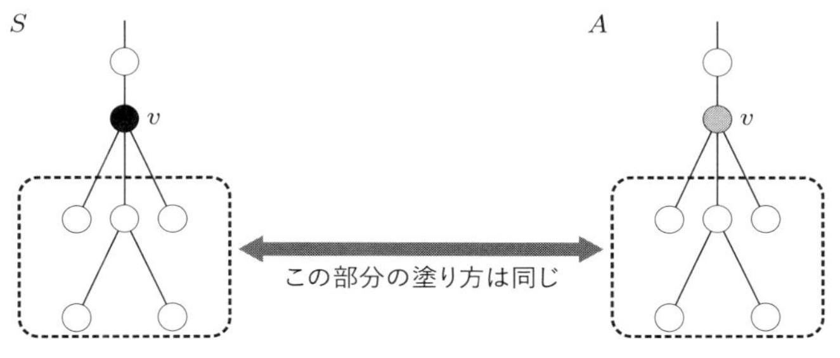

図 4.14　v が葉でない場合

では黒で，A ではグレーになっているはずである．

S で v が黒なので，v の子はすべて，S でも A でもグレーのはずである．A において，もし v の親がグレーで塗られていたら，v を単に黒に替える（図 4.15(a)）．v の親が黒だったら，それをグレーにして v を黒にする（図 4.15(b)）．いずれの場合も変更後の黒頂点は独立頂点集合であり，黒の頂点が減ることはない．

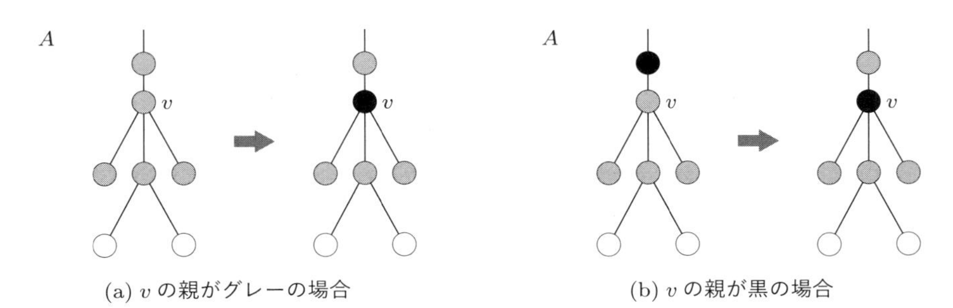

(a) v の親がグレーの場合　(b) v の親が黒の場合

図 4.15　色の入れ替え（v が葉でない場合）

A に上の変更を施した後を A' とすると，A' は A に比べて黒の頂点数は減っておらず，依然として独立頂点集合である．もともと S と A で v「より下」の

塗り方が同じだったのを，S と A' では v も含めた v「以下」の塗り方が同じになるように変更した．つまり S に一歩近づいたことになる．この操作を木の葉から根に向かって，該当する頂点に順次施していくと，最終的にサイズを減らさず S に一致させることができる．つまり，$|S| \geq |A|$ である．これでアルゴリズムが出した答 S が最大独立頂点集合であることの証明が完結した．

4.3 ナップサック問題

4.1 節と 4.2 節では貪欲アルゴリズムが最適解を導いてくれたが，問題によってはうまくいかない場合もある．それを次に見てみよう．

災害が起こったので，貴重品をもってすぐに避難しなければならない．身の回りには表 4.1 に示す a〜h の貴重品があり，それぞれに重さと価値がある．手元にナップサックがあるが，1 kg までしか入れることができない．もち運ぶ貴重品の価値を最大にするには，どれを選べばよいだろうか？　これは**ナップサック問題**とよばれる（図 4.16）．

表 4.1　貴重品一覧

	a	b	c	d	e	f	g	h
重さ (g)	400	300	170	160	200	80	190	100
価値	100	90	65	50	70	30	55	20

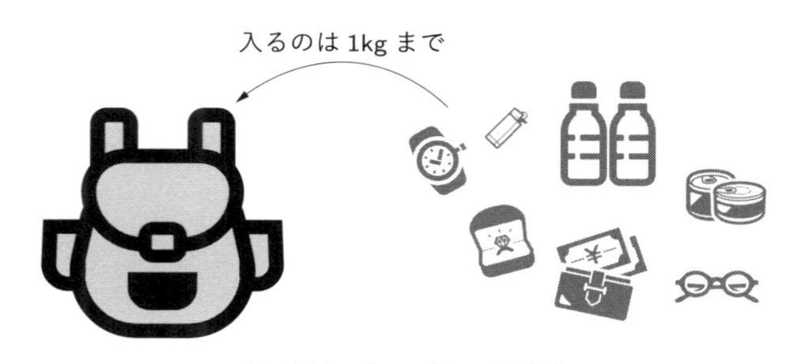

図 4.16　ナップサック問題

一般にナップサック問題の入力は，n 個のアイテムと容量 k のナップサックからなる．各アイテム a_i $(1 \leq i \leq n)$ は重さ $w(a_i)$ と価値 $v(a_i)$ をもつ．実行可能解はアイテムの集合で，そのアイテムの重さの合計が k 以下のものである．

実行可能解 X のコストは，X に含まれるアイテムの価値の総和である．ナップサック問題は，コスト最大の実行可能解を求める最大化問題である．

ナップサック問題に対する貪欲法を試してみよう．価値を高めたいので，価値の高いアイテムを優先的に選ぶことにする．アイテムを価値の高い順番に並べると，a, b, e, c, g, d, f, h となる．a から順番に，ナップサックに入るなら入れる，入らないなら捨てるという操作をしていく．最初の a, b, e は入る．これで 900 g であり，残りは 100 g である．よって，そこから先の c, g, d は入らず，その次の f が入る．最後の h は入らない．これを貪欲法 1 とよぼう．貪欲法 1 の答は $\{a, b, e, f\}$ で，重さの合計は 980 g，価値の合計は 290 である．これは残念ながら最適解ではなく，最適解は $\{b, c, e, f, g\}$ で重さの合計は 940 g，価値の合計は 310 である．

失敗の原因は明らかで，アイテム a は価値は高いがそこそこ重い．それを最初に選んでしまったので，ナップサックの容量を無駄に消費してしまったのである．実際，貪欲法 1 の結果が最適に比べて極端に悪くなる（意地悪な）例題を作ることができる（章末問題 4.5）．

いまの経験を踏まえると，1 g 当たりの価値が高いものから順に選べばよさそうである．アイテムを 1 g 当たりの価値の高い順に並べて，貪欲法 1 と同じルールでナップサックに詰めていく．これを貪欲法 2 とよぼう．

表 4.2 を見ると，今回はアイテムを c, f, e, d, b, g, a, h の順に並べればよいことがわかる（小数は適当に切り捨てている）．前から順に詰めていくと，c, f, e, d, b まで入って 910 g である．これ以上は入らないので，これが最終的な答である．しかし価値は 305 で，貪欲法 1 よりはよくなっているものの，最適解に届いていない．実はナップサック問題も NP 困難問題で，最適解を求める高速なアルゴリズムは知られていない．

表 4.2　アイテムの 1 g あたりの価値

	a	b	c	d	e	f	g	h
重さ (g)	400	300	170	160	200	80	190	100
価値	100	90	65	50	70	30	55	20
価値/重さ	0.25	0.3	0.38	0.31	0.35	0.375	0.28	0.2

4.4　最小頂点被覆問題

図 4.17 のグラフは，町の美術館の内部を表したものである．細長いギャラリーと，それらをつなぐちょっとした広場がある．広場を頂点で表し，番号を 1 から 9 まで振っている．また，ギャラリーを枝で表し，その一部にはアルファベットで名前を付けてある．絵画や彫刻などの美術品は，ギャラリーに展示されている．広場に警備員を配置して，すべてのギャラリーを警備したい．たとえば広場 5 に警備員を置くと，a, b, c, d, e のギャラリーすべてを監視できる．もちろんすべての広場に警備員を配置すればよいが，人件費を節約したいので警備員はできるだけ少なくしたい．どこに配置すればよいだろうか？

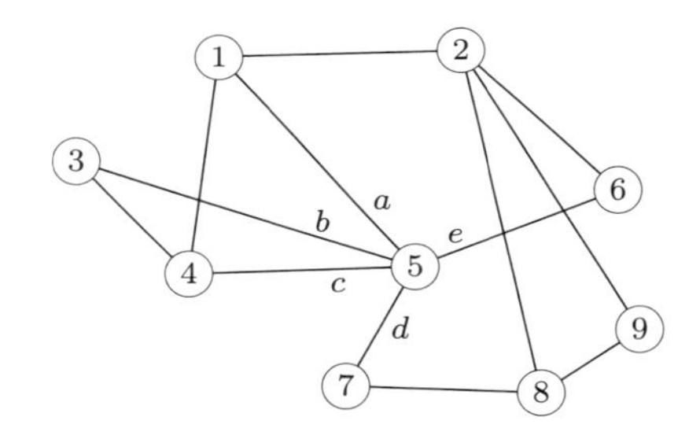

図 4.17　美術館を表したグラフ

この問題は**最小頂点被覆問題**とよばれる．入力はグラフ $G = (V, E)$ である．頂点 v は接続する枝を**被覆する**（または**カバーする**）という．たとえば図 4.17 のグラフでは，頂点 5 は枝 a, b, c, d, e をカバーする．頂点の部分集合を C とする．E のすべての枝が C のいずれかの頂点によってカバーされているとき，C を G の**頂点被覆**という．頂点被覆 C に含まれる頂点数を C の**サイズ**といい，$|C|$ と書く．たとえば $C_1 = \{1, 3, 5, 6, 8, 9\}$（図 4.18(a)）は頂点被覆で，$|C_1| = 6$ である．最小頂点被覆問題は，与えられたグラフの最小サイズの頂点被覆（**最小頂点被覆**という）を求める問題である．$C_2 = \{2, 4, 5, 8\}$（図 4.18(b)）は最小頂点被覆である（章末問題 4.7）．

この問題に対する貪欲アルゴリズムを設計してみよう．頂点を一つずつ解に加えていくことにする．多くの枝をカバーする頂点を優先的に選ぶのが効率がよさそうである．しかし，すでにカバーされている枝をさらにカバーする必要

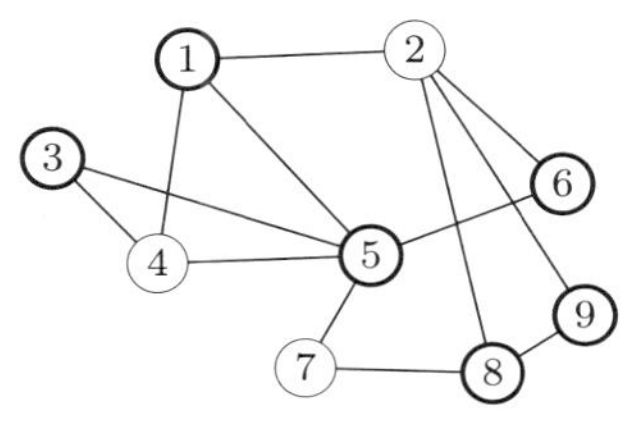

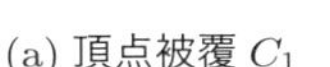

(a) 頂点被覆 C_1

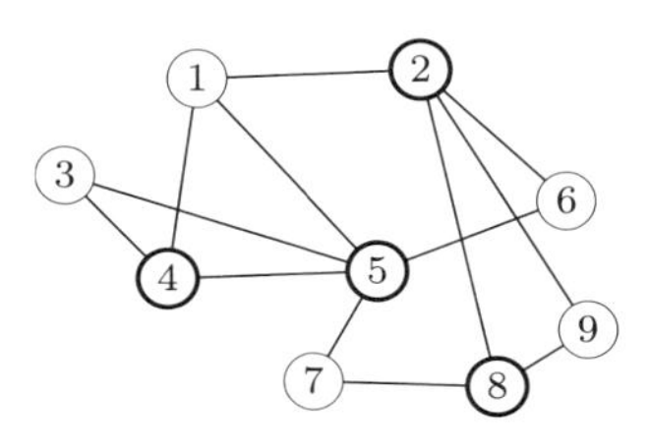

(b) 最小頂点被覆 C_2

図 4.18　頂点被覆

はない．よって，「新たに」カバーする枝数が最大の頂点を，すべての枝がカバーされるまで選び続けるというアルゴリズムにする．

図 4.17 のグラフにこの貪欲アルゴリズムを適用させてみると，図 4.19 のようになる．最初に次数最大の頂点 5 が選ばれ，5 本の枝がカバーされる．ここでは，選んだ頂点を太線で表し，それによりカバーされた枝は，次の図以降では消している．2 番目の図で，残った枝のうち一番多くをカバーするのは頂点 2 なので，それが選ばれる．その次は頂点 4 と 8 のどちらも 2 本の枝をカバーするので，どちらでもよいが，ここでは 4 を選んでいる．そして最後に頂点 8 を選び，最終的に $C_2 = \{2, 4, 5, 8\}$ が得られる．

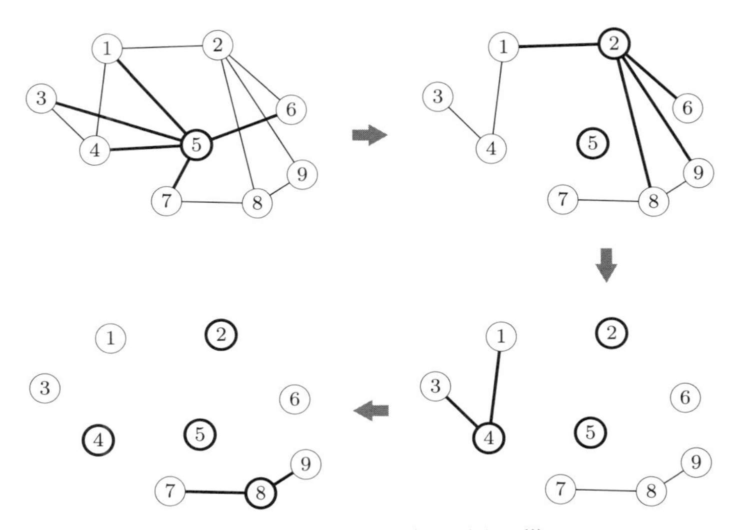

図 4.19　貪欲アルゴリズムの実行の様子

この例では最適解を得ることができたが，いつもそうなるとは限らない（章末問題 4.8）．実は最小頂点被覆問題も NP 困難問題であり，多項式時間で最適解を求めるアルゴリズムは知られていない．

章末問題

4.1　以下のグラフの最小全域木を求めよ．プリムのアルゴリズムとクラスカルのアルゴリズムを両方使ってみよ．

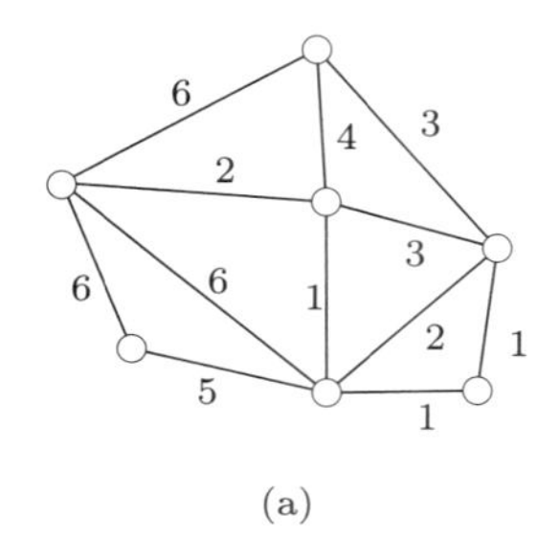

(a)

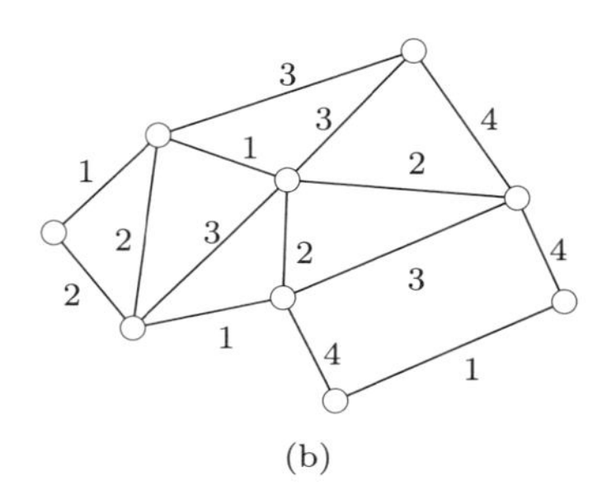

(b)

4.2　4.1 節のプリムのアルゴリズムの正しさの証明を，同じ重みの枝がある場合にも通用するように修正せよ．

4.3　図 4.8 のグラフに対する独立頂点集合 $C_3 = \{2, 3, 4, 7\}$ が最大サイズである理由を答えよ．

4.4　4.2 節の木の最大独立頂点集合問題に対する貪欲アルゴリズムの正しさの証明中，v が葉でない場合，v が S ではグレーで，A では黒ということ（つまり図 4.11 のような状態）はあり得ないと述べた．この理由を示せ．

4.5　4.3 節のナップサック問題に対する貪欲法 1 の解が，最適解に比べて極端に悪くなる例題を答えよ．

4.6　4.3 節のナップサック問題に対する貪欲法 2 の解が，最適解に比べて極端に悪くなる例題を答えよ．

4.7　図 4.18(b) の頂点被覆 $C_2 = \{2, 4, 5, 8\}$ が最小サイズである理由を答えよ．

4.8　最小頂点被覆問題に対する貪欲アルゴリズムが最適解を求めない例題を示せ．

5 局所探索法

局所探索法（ローカルサーチともいう）は，最適化問題に対する**ヒューリスティクス**である．ヒューリスティクスは日本語では**発見的手法**とよばれ，必ずしも正しい答を求めるわけではないが，多くの場合そこそこよい解を得ることができるような手法である（そういう意味では，第4章で見たナップサック問題や最小頂点被覆問題に対する貪欲法も，ヒューリスティクスとよんでよいだろう）．局所探索法は，実行可能解が膨大に（たとえば入力サイズ n に対して指数個の 2^n）ある場合に，すべてを調べるのは時間がかかるので，「局所」（すなわち近く）だけを見ながら探索を進めていこうというアイデアである．

5.1 和積形論理式の最大充足問題

本節では，代表的な最適化問題の一つである，和積形論理式の最大充足問題を扱う．この問題を定義するために，まず論理式の必要事項を学ぼう．

値が0と1の2値しかない世界を考えよう．ここに否定，論理和，論理積という演算を定義する（表5.1）．**否定**は0を与えると1を返し，1を与えると0を返す演算で，記号「$\neg$」で表す．つまり $\neg 0 = 1, \neg 1 = 0$ である．**論理和**は0または1を二つ与えると0または1を一つ返す演算で，記号「$\vee$」で表す．具体的には $0 \vee 0 = 0, 0 \vee 1 = 1, 1 \vee 0 = 1, 1 \vee 1 = 1$，つまり両方0のときは結果は0で，どちらか一つでも1だと結果は1である．論理和は複数の0/1上に拡張でき，k 個の0/1の論理和は，k 個の値すべてが0のときだけ結果が0になり，一つでも1があると結果は1になる．**論理積**も，0または1を二つ与えると

表 5.1 0/1 の演算

否定	論理和	論理積
$\neg 0 = 1$	$0 \vee 0 = 0$	$0 \wedge 0 = 0$
$\neg 1 = 0$	$0 \vee 1 = 1$	$0 \wedge 1 = 0$
	$1 \vee 0 = 1$	$1 \wedge 0 = 0$
	$1 \vee 1 = 1$	$1 \wedge 1 = 1$

0 または 1 を一つ返す演算で，記号「$\wedge$」で表す．演算は $0 \wedge 0 = 0, 0 \wedge 1 = 0, 1 \wedge 0 = 0, 1 \wedge 1 = 1$，つまり両方 1 のときは結果は 1 で，どちらか一つでも 0 だと結果は 0 である．論理積も複数の 0/1 上に拡張でき，すべてが 1 のときだけ結果が 1 で，一つでも 0 があると結果は 0 になる．

論理変数とは，0 または 1 の値のどちらかを取る変数である．本章では，単に変数と書いたら論理変数を意味するものとする．変数 x_i やその否定 $\neg x_i$ を**リテラル**といい，x_i を**肯定リテラル**，$\neg x_i$ を**否定リテラル**とよぶ．変数とリテラルとの違い，特に肯定リテラルとの違いは最初はわかりにくいが，変数 x_i はただ一つしかなく，その変数 x_i から派生した肯定リテラルや否定リテラルがいくつかあるようなイメージである．後で例が出てくるので，それを見ればよりはっきりするだろう．

リテラルの論理和を**節**とよぶ．たとえば，$x_1 \vee \neg x_2 \vee \neg x_3$ は三つのリテラルからなる節である．変数 x_1, x_2, x_3 に具体的な値を与えると，上で定義した演算を適用することで，この節の値が決まる．たとえば，変数の値を $x_1 = 0, x_2 = 0, x_3 = 1$ とすると，リテラルの値は $x_1 = 0, \neg x_2 = 1, \neg x_3 = 0$ となり，節 $x_1 \vee \neg x_2 \vee \neg x_3$ の値は $0 \vee 1 \vee 0 = 1$ となる．節が 1 になるとき，その節は**充足された**という．この節は 3 個の変数からなるため，値の割り当て方は $2^3 = 8$ 通りある．このうち 7 通りは節を充足し，$x_1 = 0, x_2 = 1, x_3 = 1$ だけが充足しない．

節の論理積を**和積形論理式**という．たとえば，$f_1 = (x_1 \vee \neg x_2 \vee x_3) \wedge (\neg x_1) \wedge (x_2 \vee \neg x_3) \wedge (x_3) \wedge (\neg x_2) \wedge (x_1 \vee x_2 \vee x_3) \wedge (x_1 \vee x_3) \wedge (\neg x_2 \vee \neg x_3)$ は 3 個の変数，8 個の節からなる和積形論理式である．一般に，論理式に含まれる変数の数を n，節の数を m と書く．この論理式は「和」の「積」なので，「和積形 (conjunctive normal form)」とよばれ，**CNF 論理式**とよばれることもある．以降で単に「論理式」と書いたら，和積形論理式を意味する．

和積形論理式の最大充足問題（MAX SAT ともいう）は，次のように定義される最適化問題である．入力は論理式であり，その実行可能解は変数割り当てである．実行可能解（変数割り当て）のコストは，それにより充足される節の数である．この問題は，コスト最大の変数割り当てを求める最大化問題である．たとえば，上述の f_1 の最適解は $x_1 = 0, x_2 = 0, x_3 = 1$ で，そのコストは 7 である（章末問題 5.1）．変数割り当ては 2^n 個あるので，そのすべてを調べる全探索アルゴリズムは指数時間アルゴリズムになってしまう．なお「SAT」とは「充足する」の英語「satisfy」の頭文字であり，「サット」と発音する．

ここまでが問題の定義で，これから MAX SAT に対する局所探索法を紹介する．アルゴリズムはまず変数割り当てを一つランダムに選び，それにより充足される節の数を計算する．たとえば，f_1 に対して，$x_1 = 0, x_2 = 1, x_3 = 0$ を選んだとすると（これを以後，010 と表記する），充足される節数は 4 である．次に 010 の近傍の割り当てについても，充足される節数を計算する．ここでいう**近傍**とは，現在の割り当てから一つの変数の値だけを 0 から 1 へ，もしくは 1 から 0 へ反転させた割り当てで，いまの場合は 110, 000, 011 の三つがある（一般に n 変数の場合は n 個の近傍がある）．それらにより充足される節数は，それぞれ 5, 5, 6 である．この中に，現在の割り当て 010 よりも多くの節を充足するものがあれば，その中で最良の割り当てに移動する．今回は三つともいまより改善し，その中で最良のものは 011 である．011 の近傍は 111, 001, 010 で，それぞれが充足する節数は 5, 7, 4 なので，七つを充足する 001 に移動する．さらに続けると，001 の近傍 101, 011, 000 の充足する節数はそれぞれ 6, 6, 5 であり，どれもいまの 7 より悪いのでここで停止し，001 を出力する．以上が MAX SAT に対する局所探索法の動作である．

5.2　局所探索法の一般的説明

本節では MAX SAT の例を踏まえながら，局所探索法を一般的に説明していこう．まず，その問題の実行可能解どうしの近傍関係を定義しておく．近傍は解どうしが近いことを意味するので，一般には解を少しだけ変形して得られる解をその解の近傍と定義する．アルゴリズムは最初に実行可能解をランダムに選び（これを**初期解**という），その近傍の中でよりよいものがあれば，その中で最良のものに移動する．これを繰り返していき，もう移動できなくなったら（つまり，近傍にいまよりよい解がなくなったら），現在の解を出力する．

MAX SAT の f_1 の例において，解（変数割り当て）を頂点で表し，近傍解どうしを枝で結んだグラフを作ると，図 5.1 のようになる．各頂点の中には割り当てが書いてあり，その割り当てによって充足される節の数が頂点の横に書いてある．前節の例では，局所探索法は初期解として 010 を選び，矢印に沿って移動していき 001 を出力した．注意しておくと，局所探索法はこのグラフ全体を作るわけではない．それはすべての割り当てを調べる全探索をやっているのと同じである．あくまで，このグラフの一部を局所的に調べているのである．

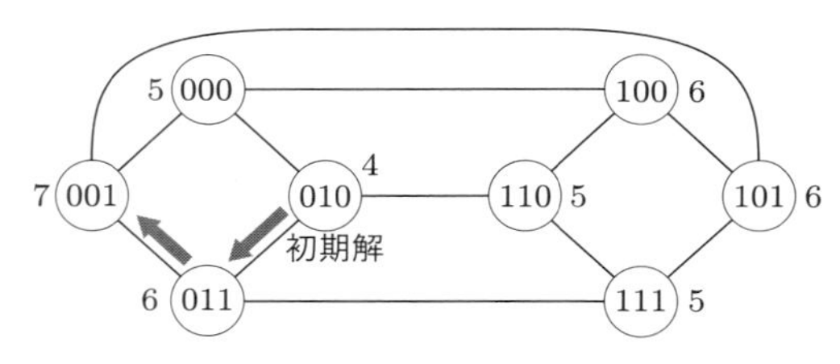

図 5.1　f_1 に対する局所探索法の動作

局所探索法は必ず最適解に到達するとは限らない．f_1 の例で 110 を初期解として選んでしまうと，110 → 100 で止まって，100 を出力してしまう．このように，本当の最適解ではないが，局所的に見ると最適になっているものを**局所最適解**という．この様子を概念的に示すと，図 5.2 のようになる．変数割り当ては横軸に並んでいるとする（実際にはこのように 1 次元的にはなっていないが，あくまで概念である）．その割り当てによって充足される節数を縦軸に表している．初期解をランダムに選び，周りを見ながら上へ上へと進むので，**山登り法**ともよばれる（最小化問題の場合は「山下り法」とでもいうべきだろうか）．初期解の選び方が悪いと，局所最適解につかまってしまい，そこを最適解だと勘違いして出力してしまう．本当の最適解は別にあるのだが，近場しか探索していないので，最適解が遠すぎて見えない．逆に，最適解をたまたま初期解として選ぶというラッキーも起こり得る．

局所探索法は仕組みが簡単で実装しやすいし，様々な問題に適用可能なので

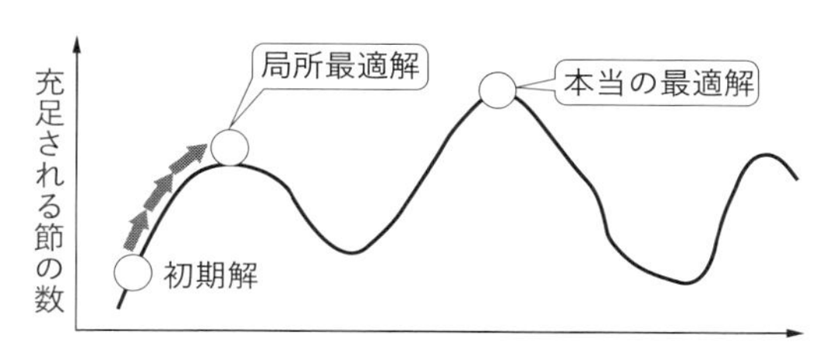

図 5.2　局所探索法の動作の概念図

ポピュラーである．局所最適解から抜け出す工夫もいろいろとなされている．たとえば，近傍にいまよりよい解がなくても，その中で最良の解に移動するというものである．この場合はいつまでも移動し続けるので，前もって探索回数の上限を指定しておいて，移動回数がそれに達したらアルゴリズムを打ち切り，それまで見た中で最良の解を出力する．ただし気を付けないと，同じところをぐるぐる回り続けて探索にならないこともある（章末問題 5.2）．また，局所最適解に到達して移動できなくなったら，新たな初期解を選んで探索をやり直すという方法もある．これはやり直しの回数を指定しておいて，その回数だけ探索をして，得られた中で最良の解を出力する．

また，近傍の選び方も設計者次第で，たとえば前述のアルゴリズムでは 1 変数の反転を近傍と定義したが，1 変数または 2 変数の反転を近傍と定義してもよい．この場合は，一歩遠くまでを近傍としているので，局所最適解につかまりにくくなる．ただし，近傍の数が n から $n(n+1)/2$ に増えるため，1 回の移動により多くの時間がかかることになる．極端な話，すべての解どうしを近傍と定義すると必ず最適解が求められるが，これは単に全探索をしているに過ぎない．

移動する近傍の選択も，5.1 節の例では近傍の中で最もよい解に移動したが，いまより改善する近傍のうちから一つをランダムに選ぶという方法もある．

5.3　最大カット問題

最後に，2.2 節で見た最大カット問題（最適化版）に対する局所探索法を設計してみよう．実行可能解は頂点の 2 分割である．近傍は似ている解にすべきなので，ここでは1頂点を反対側へ移したものと定義する（図5.3）．頂点は n 個あるので，近傍は n 個ある．このアルゴリズムはランダムなカットから出発し，1頂点を反対側へ移しながら解を改善していく．たとえば図5.4では，黒の頂点を反対側に移すことで，カットのサイズは2上昇する．そして，どの頂点を反対側へ移しても改善しなくなったところで，そのカットを出力する．

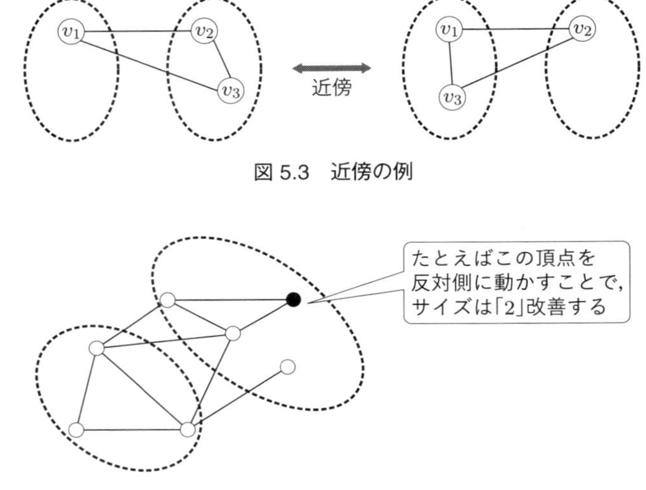

図5.3　近傍の例

図5.4　最大カット問題に対する局所探索法

章末問題

5.1　5.1節の論理式 f_1 において，割り当て $x_1 = 0, x_2 = 0, x_3 = 1$ が MAX SAT 問題の最適解である理由を答えよ．

5.2　局所探索法で「近傍にいまよりよい解がなくても，その中で最良の解に移動する」というルールにすると，どのような場合に不具合が生じるかを答えよ．

5.3　5.3節で作った最大カット問題に対する局所探索法が，必ず終了する（つまりループし続けることはない）ことを示せ．

5.4　最大カット問題に対する局所探索法が，局所最適解につかまる例を挙げよ．

6 動的計画法

動的計画法は英語では**ダイナミックプログラミング**（dynamic programming, **DP** と略す）といい，主に最適化問題に用いられる．これはまず，与えられた例題の，より小さなサイズの部分例題を定義する．最小サイズの部分例題から出発して，より大きな例題の最適解を構築していき，最終的にもとの例題の最適解を得るボトムアップの手法である．これらの計算において，同じ部分例題の最適解が何度も利用されるため，1 回計算したものは表に記録しておき，2 回目以降は計算をせずその表を参照することで効率化する．

本章では，動的計画法を用いる代表的な問題をいくつか取り上げ，アルゴリズムの特徴を見ていこう．

6.1 連鎖行列積問題

行列とは，以下のように数字が長方形状に並んだものである．横を**行**，縦を**列**という．下の例は行数 3，列数 4 なので，「3 行 4 列の行列」や「3×4 行列」などという．また，i 行 j 列にある数字を「(i, j) 成分」という．数字は実数でもよいし，負の数が入っていてもよいが，ここではあまり関係ないので非負整数に限定する．

3 列目

$$
2\text{行目}\quad
\begin{pmatrix}
3 & 8 & 1 & 6 \\
1 & 0 & 1 & 2 \\
2 & 2 & 0 & 0
\end{pmatrix}
$$

(2, 3) 成分

行列は線形代数に登場する概念で，空間上での一次変換，連立方程式の解法，確率を伴う状態遷移，量子力学，グラフの表現，機械学習など，数学，物理学，工学をはじめとした多くの分野で利用されている．

式 (6.1) のように，$p \times q$ 行列と $q \times r$ 行列には掛け算（積）が定義でき，掛け算の結果は $p \times r$ 行列になる．この行列の (i, j) 成分は，左側の行列の i 行目と右側の行列の j 列目の内積になる．たとえば式 (6.1) の右辺の $(2, 2)$ 成分は，左辺の左側の行列の 2 行目「4　0　2」と，右側の行列の 2 列目「8　0　2」の内積を，$(4 \times 8) + (0 \times 0) + (2 \times 2) = 36$ と計算した結果になっている．このため，掛け算が成立するためには，左の行列の列数と右の行列の行数が一致する必要がある．$p \neq r$ の場合，二つの行列を入れ替えると，もはや掛け算は定義できない．つまり行列の積は数の積と違って非可換である．

$$\underset{2\times 3\text{ 行列}}{\begin{pmatrix} 3 & 6 & 1 \\ 4 & 0 & 2 \end{pmatrix}} \underset{3\times 4\text{ 行列}}{\begin{pmatrix} 3 & 8 & 1 & 6 \\ 1 & 0 & 1 & 2 \\ 2 & 2 & 0 & 0 \end{pmatrix}} = \underset{2\times 4\text{ 行列}}{\begin{pmatrix} 17 & 26 & 9 & 30 \\ 16 & 36 & 4 & 24 \end{pmatrix}} \tag{6.1}$$

$(4 \times 8) + (0 \times 0) + (2 \times 2)$

ここで，行列の積を計算する際の，整数どうしの掛け算回数に着目してみる．$p \times q$ 行列と $q \times r$ 行列を掛け合わせる場合，結果となる行列の一つの成分を得るためには q 回の掛け算が必要である（式 (6.1) だと 3 回）．結果は $p \times r$ 行列になるので，掛け算回数の合計は $p \times q \times r$ である．

次に，三つの行列の積を考えてみよう．

$$\underset{4\times 2\text{ 行列}}{\begin{pmatrix} 0 & 1 \\ 1 & 2 \\ 3 & 1 \\ 4 & 0 \end{pmatrix}} \underset{2\times 3\text{ 行列}}{\begin{pmatrix} 3 & 6 & 1 \\ 4 & 0 & 2 \end{pmatrix}} \underset{3\times 4\text{ 行列}}{\begin{pmatrix} 3 & 8 & 1 & 6 \\ 1 & 0 & 1 & 2 \\ 2 & 2 & 0 & 0 \end{pmatrix}}$$

左の二つの行列の積を計算すると，

$$
\begin{pmatrix} 0 & 1 \\ 1 & 2 \\ 3 & 1 \\ 4 & 0 \end{pmatrix}
\begin{pmatrix} 3 & 6 & 1 \\ 4 & 0 & 2 \end{pmatrix}
=
\begin{pmatrix} 4 & 0 & 2 \\ 11 & 6 & 5 \\ 13 & 18 & 5 \\ 12 & 24 & 4 \end{pmatrix}
$$

となり，それに一番右の行列を右から掛けると，

$$
\begin{pmatrix} 4 & 0 & 2 \\ 11 & 6 & 5 \\ 13 & 18 & 5 \\ 12 & 24 & 4 \end{pmatrix}
\begin{pmatrix} 3 & 8 & 1 & 6 \\ 1 & 0 & 1 & 2 \\ 2 & 2 & 0 & 0 \end{pmatrix}
=
\begin{pmatrix} 16 & 36 & 4 & 24 \\ 49 & 98 & 17 & 78 \\ 67 & 114 & 31 & 114 \\ 68 & 104 & 36 & 120 \end{pmatrix}
$$

となる．次に，右の二つの積を先に計算してみる．これはすでに式 (6.1) で計算している．これに一番左の 4×2 行列を左から掛けると，

$$
\begin{pmatrix} 0 & 1 \\ 1 & 2 \\ 3 & 1 \\ 4 & 0 \end{pmatrix}
\begin{pmatrix} 17 & 26 & 9 & 30 \\ 16 & 36 & 4 & 24 \end{pmatrix}
=
\begin{pmatrix} 16 & 36 & 4 & 24 \\ 49 & 98 & 17 & 78 \\ 67 & 114 & 31 & 114 \\ 68 & 104 & 36 & 120 \end{pmatrix}
$$

となり，結果は一致する．このように，行列積は掛け算をする順序にはよらない．つまり結合法則が成り立つ．

それでは，いま行った 2 通りの計算順序について，整数の掛け算を何回したかを調べてみよう．前者は 4×2 行列と 2×3 行列の積を計算するのに $4\times2\times3 = 24$ 回で，結果が 4×3 行列になる．次に 4×3 行列と 3×4 行列の積を計算するのに $4 \times 3 \times 4 = 48$ 回で，合計 $24 + 48 = 72$ 回である．一方後者は，2×3 行列と 3×4 行列の積を計算するのに $2 \times 3 \times 4 = 24$ 回で，結果が 2×4 行列になる．次に 4×2 行列と 2×4 行列の積を計算するのに $4 \times 2 \times 4 = 32$ 回で，合計 $24 + 32 = 56$ 回である．つまり，後者のほうが効率的である．

本節では，n 個の行列の積 $A_1 \times A_2 \times A_3 \times \cdots \times A_n$ を計算するのに必要な掛け算回数の最小値を求める問題（連鎖行列積問題）を考える（以降では，数の掛

け算と同じく「×」を省略する）．まずはナイーブな方法を考えてみる．小さな例で見てみよう．$50 \times 2, 2 \times 80, 80 \times 3, 3 \times 20$ の四つの行列 A_1, A_2, A_3, A_4 を掛け算する．図 6.1 はこの計算の様子を木構造で表したものである．根には最終形の $A_1A_2A_3A_4$ が書かれている．この計算には，(1) 先に $A_2A_3A_4$ を計算し，それに左から A_1 を掛ける，(2) A_1A_2 と A_3A_4 を計算し，最後にそれらを掛け合わせる，(3) 先に $A_1A_2A_3$ を計算し，それに右から A_4 を掛ける，の 3 通りがある．この三つを根「$A_1A_2A_3A_4$」の子としている．一番左の $(A_2A_3A_4)$ には 2 通りの計算方法があり，これらを「$(A_2A_3A_4)$」の子として書いている．二つの行列の積になったら，計算方法は 1 通りしかないのでそこで止まる．

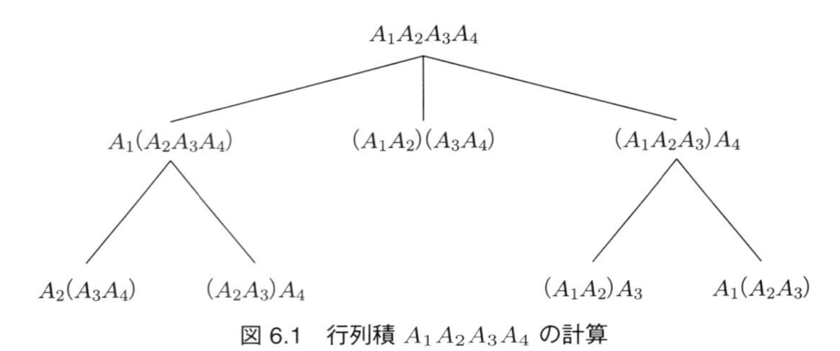

図 6.1　行列積 $A_1A_2A_3A_4$ の計算

次に，掛け算回数を見積もる様子を図 6.2 に示す．これは，下から計算を行っていく．二つの行列の積の計算方法は 1 通りしかないので，それに必要な掛け算回数も一意に決まる．たとえば，左下の A_3A_4 の掛け算回数は $80 \times 3 \times 20 = 4800$ 回，A_2A_3 は $2 \times 80 \times 3 = 480$ 回である．A_3A_4 は 80×20 行列なので，これに左から A_2 を掛けるときの掛け算回数は $2 \times 80 \times 20 = 3200$ 回である．したがって，$A_2A_3A_4$ を「$A_2(A_3A_4)$」と計算する場合の掛け算回数は $4800 + 3200 = 8000$ 回である．これを左側の枝に書いている．同様に，「$(A_2A_3)A_4)$」と計算する場合の掛け算回数は $480 + 120 = 600$ 回で，右側の枝に書いている．$A_2A_3A_4$ を計算する掛け算回数の最小値はこの二つのうち小さいほうなので，600 を採用し「$(A_2A_3A_4)$」の下に「600 回」と書いている．ほかも同様である．一番上の「$A_1A_2A_3A_4$」のところでは，下から上がってきた 2600, 92800, 3780 の最小値を取って 2600 回で，これが $A_1A_2A_3A_4$ を計算する最小の掛け算回数となる．

この方法は正しく答を求められるが，効率が悪い．行列が四つの例ではあま

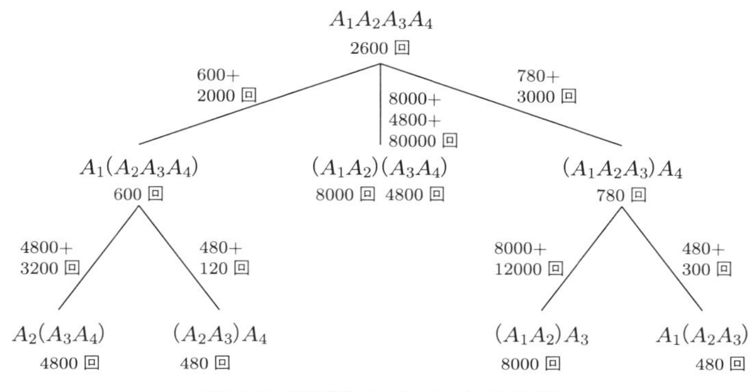

図 6.2　行列積 $A_1A_2A_3A_4$ の計算

り実感が湧かないが，行列の数が n だと計算木の頂点数は 4^n 以上になる．この非効率さの原因を探るため，少し多めの 6 個の行列の積を考えてみよう（図 6.3）．6 個になるともはや全体図を描けず，ほんの一部しか描いていない．

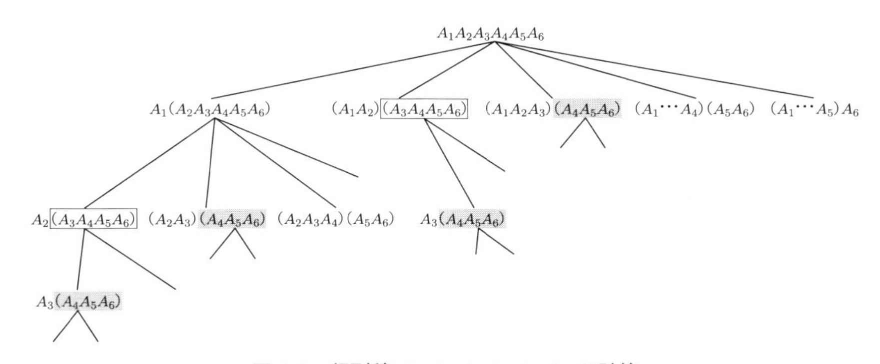

図 6.3　行列積 $A_1A_2A_3A_4A_5A_6$ の計算

図の中には，$A_3A_4A_5A_6$ が 2 か所に現れる．これは，$A_3A_4A_5A_6$ を計算するための掛け算回数の最小値が 2 度計算されるということである．$A_4A_5A_6$ に至っては 4 度も計算されている．行列の数が多くなっていくと，この無駄が顕著になっていく．動的計画法は，この無駄をなくすために 1 度計算した値を表に格納しておき，2 度目以降に必要になったときにはその表を参照する．これが基本的アイデアである．

では，実際のアルゴリズムを説明しよう．n 個の行列を $A_1, A_2, A_3, \ldots, A_n$ とし，各 i に対して A_i は $p_{i-1} \times p_i$ 行列とする．このとき，行列積 $A_1A_2A_3 \cdots A_n$ が定義できることを確認してほしい．$1 \leq i \leq j \leq n$ に対して変数 $m[i,j]$ を用意する．これは「$A_iA_{i+1} \cdots A_j$ を計算するための掛け算回数の最小値」を保持する．この変数の値を，$j-i$ が小さいところから順に計算していく．求めたいものは $m[1,n]$ である．

ステップ1：$j-i=0$ のところを考える．つまり，$1 \leq i \leq n$ に対して $m[i,i]$ を求める．これは「A_i を求めるための最小掛け算回数」だが，A_i はもともと与えられており，求めるまでもないので $m[i,i]=0$ である．

ステップ2：$1 \leq i \leq n-1$ に対して $m[i,i+1]$ を求める．これは「A_iA_{i+1} を求めるための最小掛け算回数」であり，計算方法は1通りしかなく，m の定義より $m[i,i+1] = p_{i-1}p_ip_{i+1}$ となる．

ステップ3：ここからが本質である．$1 \leq i \leq n-2$ に対して $m[i,i+2]$ を求める．これは「$A_iA_{i+1}A_{i+2}$ を求めるための最小掛け算回数」だが，この行列積を計算する方法は $(A_iA_{i+1})A_{i+2}$ と $A_i(A_{i+1}A_{i+2})$ の2通りある．前者について考えてみよう．A_iA_{i+1} を計算する掛け算回数は，すでにステップ2で計算して，$m[i,i+1]$ に入っている．A_{i+2} を計算する掛け算回数は，すでにステップ1で計算して，$m[i+2,i+2]$ に入っている．A_iA_{i+1} は $p_{i-1} \times p_{i+1}$ 行列なので，これと A_{i+2} を掛けるのには，$p_{i-1}p_{i+1}p_{i+2}$ 回の掛け算が必要である．よって，合計は $m[i,i+1]+m[i+2,i+2]+p_{i-1}p_{i+1}p_{i+2}$ 回となる．後者についても同様の計算をすると，合計は $m[i,i]+m[i+1,i+2]+p_{i-1}p_ip_{i+2}$ 回である．$m[i,i+2]$ はこのうち小さいほうなので，

$$
\begin{aligned}
m[i,i+2] = \min\{&m[i,i+1]+m[i+2,i+2]+p_{i-1}p_{i+1}p_{i+2}, \\
&m[i,i]+m[i+1,i+2]+p_{i-1}p_ip_{i+2}\}
\end{aligned}
$$

と書ける．ここで，min は $\{\}$ の中の最小値を取ることを意味する．

ステップ k：一般に，ステップ k では $1 \leq i \leq n-k+1$ に対して $m[i,i+k-1]$ を求める．これは k 個の行列の積 $A_iA_{i+1} \cdots A_{i+k-1}$ を求めるための最小掛け算回数で，行列積の計算方法は $k-1$ 通りあり，そのうち最小のものを取るので，

$$
\begin{aligned}
&m[i, i+k-1] \\
&\quad = \min\{m[i,i] + m[i+1, i+k-1] + p_{i-1}p_ip_{i+k-1}, \\
&\qquad\qquad m[i,i+1] + m[i+2, i+k-1] + p_{i-1}p_{i+1}p_{i+k-1}, \\
&\qquad\qquad m[i,i+2] + m[i+3, i+k-1] + p_{i-1}p_{i+2}p_{i+k-1}, \\
&\qquad\qquad \cdots \\
&\qquad\qquad m[i,i+k-3] + m[i+k-2, i+k-1] + p_{i-1}p_{i+k-3}p_{i+k-1}, \\
&\qquad\qquad m[i,i+k-2] + m[i+k-1, i+k-1] + p_{i-1}p_{i+k-2}p_{i+k-1}\}
\end{aligned}
$$

となる．重要なのは，ここに現れる p や m はすべて値がわかっていることである．各 p は入力として与えられ，$m[i,j]$ はすべて $j-i \leq k-2$ なので，ステップ $k-1$ までに計算済みである．min の中の一つの項は五つの数値の和と積なので，n に無関係の定数時間で計算できる．min の中の項は高々 n 個なので，それらの値を計算し，その中の最小値を求める作業は $O(n)$ 時間でできる．

これを繰り返していき，最後にステップ n で答 $m[1,n]$ を求められる．

変数 $m[i,j]$ は高々 n^2 個であり，上で見たようにその 1 個を $O(n)$ 時間で計算することができるので，アルゴリズム全体の計算量は $O(n^3)$ である．ナイーブにやると指数時間かかるものを，動的計画法を使うことにより多項式時間に改良できた．

6.2　最大独立頂点集合問題

4.2 節では，木に対する最大独立頂点集合問題を取り扱った．本節ではこれを拡張し，頂点に重みの付いた木に対する最大独立頂点集合問題を取り扱う．入力は木であり，各頂点 v には重み $w(v)$ が付いている．独立頂点集合の定義は同じく「互いに隣接しない頂点集合」であるが，その**サイズ**は含まれる頂点の「個数」ではなく「重みの総和」である．目的は，サイズ最大の独立頂点集合を求めることである．4.2 節の例にあてはめると，各頂点の重みは，たとえばそのボランティアの能力を表しており，ボランティアの人数を最大にするのではなく，能力の合計を最大にするように選びたいということである．すべての頂点

v に対して $w(v) = 1$ という特別な場合が，重みなしの場合に一致する．

頂点に重みがない場合は，貪欲法を使って $O(n)$ 時間で最適解が求められたが，重みがある場合は貪欲法ではうまくいかない（章末問題 6.1）．ここでは，動的計画法を使って最適解を求めるアルゴリズムを紹介する．

貪欲法のときと同様に，どれか一つの頂点を「根」r として最上位におき，そこから下に向かって枝が伸びるようにグラフを描く．各頂点 v に対して，v を根とする部分木を $T(v)$ と定義する（図 6.4）．なお，図 6.4 では，$T(v)$ に含まれる頂点にのみ，重みを記入してある．

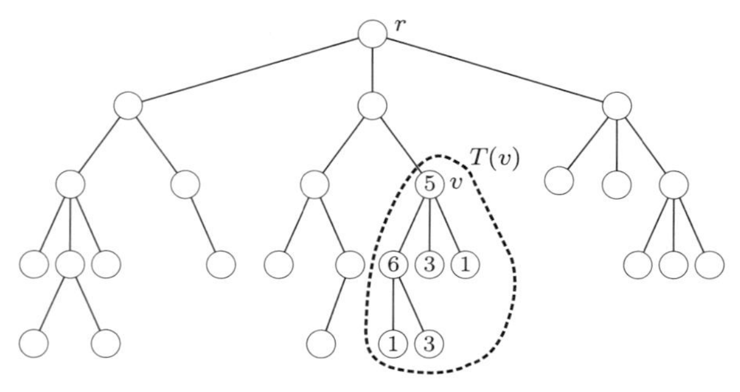

図 6.4　$T(v)$ の定義

次に，各頂点 v に対して $A(v)$, $B(v)$, $C(v)$ を以下のように定義する．$A(v)$ は，「v を選ぶ」という条件の下での，$T(v)$ の最大独立頂点集合のサイズである．いまの場合は，v と一番下の 2 頂点を選んで $A(v) = 5 + 1 + 3 = 9$ である．$B(v)$ は，「v を選ばない」という条件の下での，$T(v)$ の最大独立頂点集合のサイズである．いまの場合は，v の三つの子を選んで $B(v) = 6 + 3 + 1 = 10$ である．$C(v)$ は（何の条件もない）$T(v)$ の最大独立頂点集合のサイズである．明らかに $C(v) = \max\{A(v), B(v)\}$ で，いまの例では $C(v) = 10$ である（max は前節で出た min の逆で，$\{\}$ 内の最大値を取る）．求めたいのは $C(r)$ である．アルゴリズムは，$A(v)$, $B(v)$, $C(v)$ を下から上に向かって計算していく．

まず, v が葉の場合を考える．$T(v)$ は v のみからなる孤立頂点なので, $A(v) = w(v)$, $B(v) = 0$, $C(v) = w(v)$ である．次に，v を葉でない頂点とし，v のすべての子について A, B, C の値が計算されているときに，v について値を計算する方法を述べる．簡単のため，v は三つの子 x, y, z をもつことにしよう（図 6.5）．

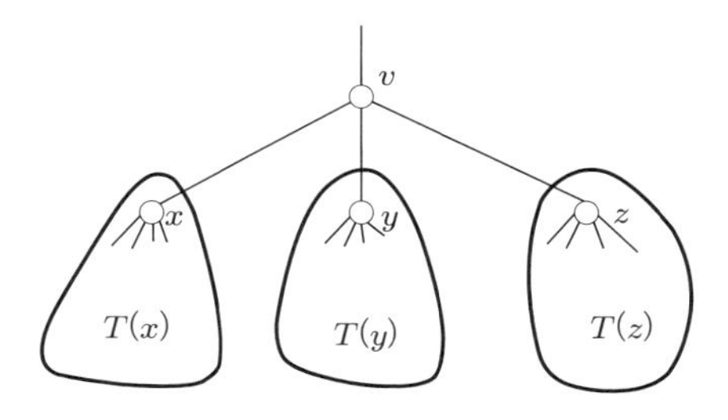

図 6.5 $A(v), B(v), C(v)$ の計算

まず，$A(v)$ を計算する．v を選ぶので，x, y, z はどれも選ぶことができない．この条件下における $T(x), T(y), T(z)$ 内での最適値はすでに計算してあって，それぞれ $B(x), B(y), B(z)$ である．これに v を選んだ $w(v)$ が加わるので，$A(v) = w(v) + B(x) + B(y) + B(z)$ となる．次に，$B(v)$ を計算する．v は選ばないので，x, y, z は選んでも選ばなくてもよい．つまり制約がない．この場合の $T(x), T(y), T(z)$ の最適値は $C(x), C(y), C(z)$ なので，$B(v) = C(x) + C(y) + C(z)$ となる．最後に，$C(v) = \max\{A(v), B(v)\}$ である．以上がアルゴリズムの動作説明である．これが正しい答を出すことは，これまでの議論から明らかであろう．

最後に計算時間を考える．入力となる木 $T = (V, E)$ の頂点数を n とする．ここで，頂点 v の次数を $d(v)$ と書くことを思い出してほしい．$A(v)$ は高々 $d(v) + 1$ 個の数の足し算，$B(v)$ は高々 $d(v)$ 個の数の足し算，$C(v)$ は二つの数の大小比較であり，これら全体が $O(d(v))$ で計算できる．よって全体の計算時間は $\sum_{v \in V} O(d(v))$ となる．章末問題 2.1 より $\sum_{v \in V} d(v) = 2|E|$ で，章末問題 2.3 より木では $|E| = n - 1$ なので，$\sum_{v \in V} O(d(v)) = O(n)$ である．

6.3 ナップサック問題

4.3 節で見たナップサック問題を簡単に復習しておこう．入力は容量 k のナップサックと n 個のアイテム $a_1, a_2, \ldots, a_n$ で，各アイテム a_i には重さ $w(a_i)$ と価値 $v(a_i)$ がある．重さの合計が k 以下となるようにアイテムを選び，それらの価値の総和（コスト）を最大化する問題である．4.3 節ではナップサック問題に対する貪欲法を二つ考え，それらが必ずしも最適解を導き出さないことを見た．ここでは，最適解を求める方法を検討してみよう．

ナイーブな方法は，アイテムのすべての選び方を調べる全探索である．重さの合計が k 以下になっている組み合わせの中から，価値の合計が最大のものを出力すれば，必ず最適解を求められる．しかし，アイテムの選び方は 2^n 通りあるので，これは指数時間アルゴリズムである．どうにかして高速化できないだろうか？　ここでも動的計画法が力を発揮する．

■ ナップサック問題に対する動的計画法

$1 \leq i \leq n,\ 0 \leq j \leq k$ に対して，$m[i,j]$ という変数を用意する．これは，アイテムを $a_1 \sim a_i$ に，ナップサックの容量を j に限定したときの最適解のコストを表す．求めたいのは $m[n,k]$ である．これを i や j の小さいところから順番に求めていく．

例を用いて説明しよう．5個のアイテムがあり，その重さと価値は表6.1のとおりである．この例ではたまたま重さや価値の大きい順に並んでいるが，一般にはその必要はない．また，ナップサックの容量 k を10とする．

表6.1　ナップサック問題の例題

	a_1	a_2	a_3	a_4	a_5
重さ	4	4	3	3	2
価値	9	8	6	5	4

変数 $m[i,j]$ を，表6.2のように2次元の表で表す．下に向かって i が増加していき，右に向かって j が増加していく．この表の1行目と1列目は，簡単に計算できる．1列目はナップサックのサイズが0なので，アイテムを選ぶこと

表6.2　変数 $m[i,j]$

$m[i,j]$		j（ナップサックの容量）										
		0	1	2	3	4	5	6	7	8	9	10
i（アイテムのインデックスの最大）	1	0	0	0	0	9	9	9	9	9	9	9
	2	0	0	0	0	9	9	9	9	17	17	17
	3	0	0	0	6	9	9	9	15	17	17	17
	4	0	0	0	6	9	9	11	?			
	5	0										

はできない．したがってすべて 0 である．1 行目は重さ 4 のアイテム a_1 だけを使う．したがって $j \leq 3$ のときは a_1 を選べず 0 で，$j \geq 4$ のときは a_1 を選んで価値 9 を得る．

ここから先は表 6.2 で，自分の左上すべてが計算済みになっている場所を次々に計算していく．いまの例でいうと，$m[4,7]$ がこの条件を満たす．これは a_1 ～a_4 を使って，容量 7 のナップサックで達成できる最適解である．いま $i=4$ なので，アイテム a_4 に着目する．最適解は a_4 を使うか使わないかのどちらかである．a_4 を使わないと決めたら，a_1～a_3 を使って容量 7 のナップサックで達成できる最適解を求めているのと同じことである．これは $m[3,7]$ で，すでに 15 と計算してある．一方 a_4 を使うと決めた場合は，a_4 がナップサックの容量を 3 占めるので，残りの a_1～a_3 を容量 4 のナップサックに入れる問題に帰着される．これもすでに解いており，$m[3,4]=9$ である．この場合は a_4 を選ぶので，その価値 5 を加えて $9+5=14$ である．$m[4,7]$ はこの二つのうち大きいほうなので 15 となる．以上を一般的に書くと，

$$m[i+1,j] = \max\{m[i,j],\ m[i,j-w(a_{i+1})]+v(a_{i+1})\}$$

となる．

計算量

表の各 $m[i,j]$ の値は，以前に計算した 2 か所を見ればよく，定数時間で計算できる．また $m[i,j]$ は全部で $n(k+1)$ 個なので，アルゴリズムの計算量は $O(nk)$ である．一見多項式時間アルゴリズムに見えるが，注意が必要である．これまで扱ってきた問題は「n 個」などの個数が入力の長さを決めていたが，今回の重さ，価値，容量は数値で，扱いが異なる．

入力中のアイテムの重さの最大値を W，価値の最大値を V としよう．数値は通常 2 進数で表すので，一つのアイテムにつき，重さは $\log_2 W$ ビット以下，価値は $\log_2 V$ ビット以下で表される．アイテムは n 個あるので，これらの合計は $n(\log_2 W + \log_2 V)$ ビット以下である．また，ナップサックの容量 k は $\log_2 k$ ビットで表されるため，入力の長さは $n(\log_2 W + \log_2 V) + \log_2 k$ 以下になる．仮に W も V も k も 2^n だとすると，この長さは $2n^2+n$ である．一方，計算量は $O(nk)=O(n2^n)$ で，入力長 $2n^2+n$ に対しては指数になって

しまう．要するに，多項式時間アルゴリズムというからには，入力を表す n と $\log W$ と $\log V$ と $\log k$ の多項式になっていないといけないのに，今回は k の 1 次式が入っていて，これは $\log k$ から見たら指数なので駄目である．このように，物の個数 n と数値（log ではなく k や W や V そのもの）の多項式の計算量をもつアルゴリズムを，**擬多項式時間アルゴリズム**とよぶ．

数字 k の長さを「$\log_2 k$」などと表すからいけないのであって，「k」と定義すれば多項式時間アルゴリズムになるではないかと思うかもしれない．全くそのとおりで，ナップサック問題をそのように定義することもできる．ただし入力長を k と定義するということは，ナップサックの容量が 3000 g の場合には入力に「1」を 3000 個書いて表現するということである．10 進数で書けば 4 桁，2 進数で書いても 13 桁で済むのに，それをわざわざ 3000 桁も使うのである．つまりアルゴリズムの計算時間自体は変わらないのに，それが多項式時間に見えるように入力のほうを不自然に引き延ばしているに過ぎない．アルゴリズムの（見かけの）計算時間は多項式時間になったが，アルゴリズムに入力を与えるのに指数の手間をかけているようなものである（なお，本当は計算量の中には k だけでなく W や V も現れるが，議論が複雑になるのと，本質的なことは上の説明で十分いえているので，これ以上深入りしないことにする）．

6.4　巡回セールスマン問題

修学旅行で京都を訪れている．いま京都駅にいて，今日一日で上賀茂神社，金閣寺，銀閣寺，清水寺，京都御所，二条城，嵐山，仁和寺を観光して京都駅に戻って来たい（図 6.6）．どのような順番で回るのが最短ルートか？

これは**巡回セールスマン問題**とよばれる有名な問題である．グラフを用いて定義してみよう．入力は枝重み付き完全グラフである．各頂点は上でいう観光地（及び京都駅）に対応している．枝 (v_i, v_j) の重み $w(v_i, v_j)$ は，v_i と v_j の間の距離を表している．京都観光の例では，重みは地上の実際の距離を表していたが，一般には任意の値を取ってよい．

2.1 節で定義したように，グラフ中のすべての頂点をちょうど 1 度ずつ訪問する閉路を，**ハミルトン閉路**という．ハミルトン閉路のコストを，閉路に使わ

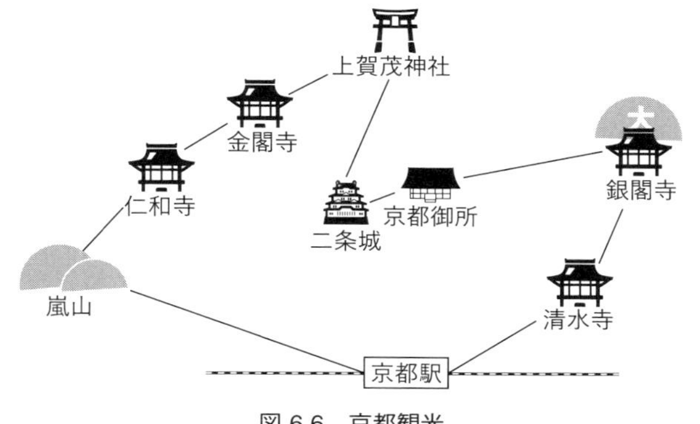

図 6.6　京都観光

れる枝の重みの総和と定義する．巡回セールスマン問題は，コスト最小のハミルトン閉路を求める最小化問題である．

2 点注意を与える．まず，各頂点は 1 度しか訪れてはいけない．京都観光のような場合だと 2 度訪れるのは距離を損するだけなので，この条件は無意味に見えるが，枝の重みが任意のグラフではそうとも限らない．直接行くよりほかの頂点を経由したほうが短いことがあり得るからである．頂点を 2 度訪れてはいけないという制約により，この「遠回りによる近道」ができなくなる（章末問題 6.6）．また，京都観光では京都駅を出発点としたが，入力で出発点を指定する必要はない．解は閉路なので，どこを出発点と考えても同じである．

巡回セールスマン問題も NP 困難問題で，多項式時間アルゴリズムは見つかっていない．すべての実行可能解を調べる全探索では，頂点数が n だと $n!$ 通りを調べなければならず，超指数時間アルゴリズムになってしまう．ここでは，動的計画法を使って計算時間を超指数から指数に削減する方法を紹介しよう．

グラフの頂点を $v_1, v_2, \ldots, v_n$ とする．どれを出発点としても同じなので，v_1 を出発点に固定する．$L = \{v_2, v_3, \ldots, v_n\}$ とし，L の空でない部分集合 S と，S 内の 1 頂点 v_i に対して，変数 $m[S, v_i]$ を定義する．これは，「v_1 を出発して，S の v_i 以外のすべての頂点をちょうど 1 度ずつ通って，最後に v_i を訪れる最短経路の長さ」を表す．たとえば $m[\{v_4, v_6, v_9\}, v_6]$ は，二つの候補 v_1-v_4-v_9-v_6 と v_1-v_9-v_4-v_6 のうち短いほうの経路の長さである（図 6.7）．

特に $S = L$ の場合の $m[L, v_i]$ は，「v_1 を出発して，v_i 以外の頂点をすべて 1

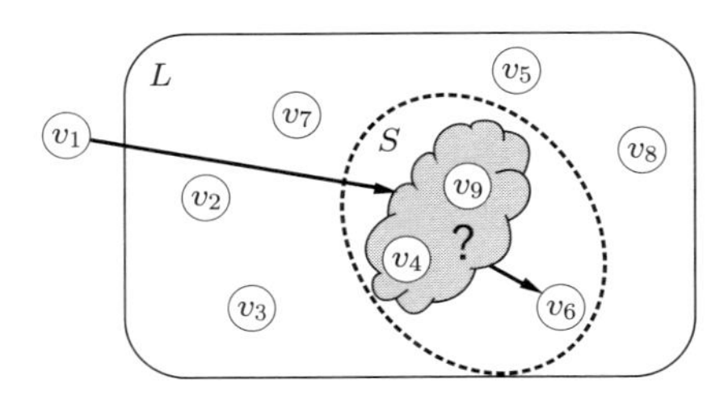

図 6.7 $m[\{v_4, v_6, v_9\}, v_6]$ を実現する経路

度ずつ通って，最後に v_i を訪問する最短経路の長さ」である．したがって，これに $w(v_i, v_1)$ を加えた $m[L, v_i] + w(v_i, v_1)$ は，最後に訪問する頂点を v_i と決め打ちした場合の最短のハミルトン閉路長になる．よって，この最後の頂点をどれにするかで場合分けをすると，巡回セールスマン問題の最適解は

$$
\begin{aligned}
\min\{&m[L, v_2] + w(v_2, v_1),\\
&m[L, v_3] + w(v_3, v_1),\\
&\qquad\vdots\\
&m[L, v_n] + w(v_n, v_1)\}
\end{aligned}
$$

になることがわかるだろう．つまり，$m[L, v_2], m[L, v_3], \ldots, m[L, v_n]$ がすべて求められれば，問題が解けたことになる．以下では，S に含まれる頂点数 $|S|$ の小さいものから順に $m[S, v_i]$ を計算していき，最終的に $m[L, v_2], m[L, v_3], \ldots, m[L, v_n]$ を得ることを目標とする．

$|S| = 1$ の場合は簡単である．$S = \{v_i\}$ とすると v_1 から v_i へ行くだけだから，$m[S, v_i] = w(v_1, v_i)$ となる．$|S| \geq 2$ の場合の求め方を，例を用いて説明する．$|S| = 5$ の場合で，$m[\{v_4, v_6, v_7, v_9, v_{10}\}, v_6]$ を求めてみよう．これは「v_1 で始まって，v_4, v_7, v_9, v_{10} を経由して，v_6 で終わる最短経路」であるが，v_6 の直前が v_4, v_7, v_9, v_{10} の 4 通りある．仮に直前が v_4 だとすると，「v_1 を出発して，v_7 と v_9 と v_{10} を経由して，v_4 で終わる経路」に v_6 をくっつければよい．「v_1 を出発して，v_7 と v_9 と v_{10} を経由して，v_4 で終わる経路」は複数あるが，その中の最短のものは $m[\{v_4, v_7, v_9, v_{10}\}, v_4]$ で，これは $|S| = 4$ の場合に相当するので，すでに計算してある．したがって，「v_4 が直前」という制約の下での

最短経路は $m[\{v_4, v_7, v_9, v_{10}\}, v_4] + w(v_4, v_6)$ である．以上を，v_4 以外の直前候補についても計算すると

$$
\begin{aligned}
&m[\{v_4, v_7, v_9, v_{10}\}, v_4] + w(v_4, v_6),\\
&m[\{v_4, v_7, v_9, v_{10}\}, v_7] + w(v_7, v_6),\\
&m[\{v_4, v_7, v_9, v_{10}\}, v_9] + w(v_9, v_6),\\
&m[\{v_4, v_7, v_9, v_{10}\}, v_{10}] + w(v_{10}, v_6)
\end{aligned}
$$

が得られ，この中の最小値が求める $m[\{v_4, v_6, v_7, v_9, v_{10}\}, v_6]$ である．$|S|$ を一つずつ大きくしながらこの計算を行っていき，最終的に $|S| = n-1$ となったところで，求めるべき $m[L, v_2], m[L, v_3], \ldots, m[L, v_n]$ が得られている．

最後に，アルゴリズムの計算量を見積もる．$|S| = k$ となる S を一つ決めよう．このとき，$m[S, v_i]$ となる v_i の選び方は k 個ある．また，v_i を一つ決めたときに，$m[S, v_i]$ を計算するためには，$S \setminus \{v_i\}$ の中から「v_i の直前候補」を選ぶ場合分けをして，その中の最小値を取るのであった．この場合分けは $k-1$ 通りあるので，計算時間は $O(k)$ である．すなわち，サイズ k の一つの S に対して，すべての $v_i \in S$ に対する $m[S, v_i]$ を求める計算時間は $O(k^2)$ である．また，サイズ k の S は高々 ${}_nC_k$ 個である．よって，サイズ k の S 全体に対して $m[S, v_i]$ を求める計算量を $f_k(n)$ とすると，$f_k(n) = O({}_nC_k \cdot k^2)$ である．S のサイズは 1 から $n-1$ まであるので，全体の計算量は

$$
\sum_{k=1}^{n-1} f_k(n) = O(n^2 \cdot 2^n)
$$

となり，指数時間アルゴリズムであることが示せた（章末問題 6.7）．計算量は（n の多項式）$\times 2^n$ の形をしているが，この 2^n 部分を少しでも減らせるか，たとえば 1.999^n にできるかという問題は未解決である．

章末問題

6.1 頂点重み付き木に対する最大独立頂点集合問題に対して，貪欲法がうまく働かない例を挙げよ．

6.2 以下の頂点重み付き木に対する最大独立頂点集合を，動的計画法を使って求めよ．

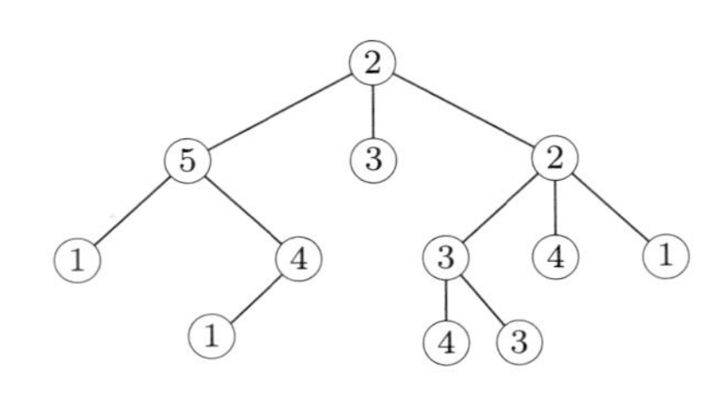

6.3 表 6.2 の $m[4,2]$ を計算するとき，定義に従うと $m[4,2] = \max\{m[3,2], m[3,-1]+5\}$ と，表にない $m[3,-1]$ が出てきた．これはどう扱えばよいか？

6.4 表 6.2 の続きを埋めて，最適解を求めよ．

6.5 ナップサック問題に対する動的計画法は，最適解の値のみを計算した．アイテムの選び方も求めるにはどうしたらよいか？

6.6 巡回セールスマン問題において，「頂点を 2 度訪れてはいけない」という制約がなければ最適値が小さいのに，この制約のせいで最適値が大きくなる例を挙げよ．

6.7 6.4 節の最後に出てきた次式が成り立つことを示せ．

$$\sum_{k=1}^{n-1} {}_nC_k \cdot k^2 \le n^2 \cdot 2^n$$

7 問題の難しさ

前章までは，アルゴリズムの設計技法を見てきた．これは，「この問題はこうやれば解ける」という，ある意味問題の解きやすさを示したことになる．では逆に，問題の難しさはどのように示せばよいのだろうか？　たとえば「この問題は多項式時間アルゴリズムをもたない」といった主張である．5.1 節で見た MAX SAT を思い出してみよう．これは変数が n 個あると，変数割り当ては 2^n 通りある．その中で最もよい割り当てを探すのだから，どうしても 2^n ステップはかかってしまうように見える．しかし 4.1 節で見た最小全域木問題は，実行可能解（全域木）は指数個あり得るのに多項式時間で解けてしまう．MAX SAT にもうまい方法があって，多項式個の割り当てを見るだけで最適解を探し当ててしまうアルゴリズムがないとも限らない．結局，無限にあるアルゴリズムのどれを使っても駄目だということをいわなければならない．「考え得るまともなアルゴリズムはすべて試してみたけど駄目だった」では，証明にならないのである．

MAX SAT をはじめとし，本書で登場する組み合わせ判定問題や最適化問題は，世の中の様々な問題を記述できる重要なものばかりだが，多項式時間アルゴリズムが見つかっていないものが多い．しかし本当に多項式時間アルゴリズムをもたないかというと，これもまた，一流の研究者たちの長年の努力にもかかわらず，いまだ証明されていない．証明はされていないのだが，問題の難しさを示唆する状況証拠はいろいろとある．本章ではその中の基本である NP 完全性の理論を紹介しよう．

7.1　リダクションの定義と意味

本章では判定問題（すなわち答が「Yes」と「No」の2種類しかない問題）のみを考える．**リダクション**（日本語では**還元**や**帰着**といわれる）とは，問題 A を別の問題 B に変換することである．つまり問題 A の例題 I があったら，それを問題 B の例題 I' に変換するのである．ただし条件が二つある．

(1) 変換は，例題 I のサイズに関する多項式時間で（すなわち，ある程度高速に）行われなければならない．

(2) I の答と I' の答が一致する．つまり，I の答が Yes なら I' の答も Yes，I の答が No なら I' の答も No である．

もちろん常にこんなことができるわけではなく，できるかどうかは問題 A と問題 B との関係次第である．

仮にできたとすると，何が起こるかを見てみよう（図 7.1）．問題 A の例題 I が与えられたとする．これを，リダクションを使って問題 B の例題 I' に変換する．次に問題 B を解くアルゴリズムを使って，I' の答（Yes か No）を得る．最後にそれを I の答として出力する．リダクションの条件 (2) より，これは I の正しい答になっている．つまりこれは，問題 A を解くアルゴリズムになっている．

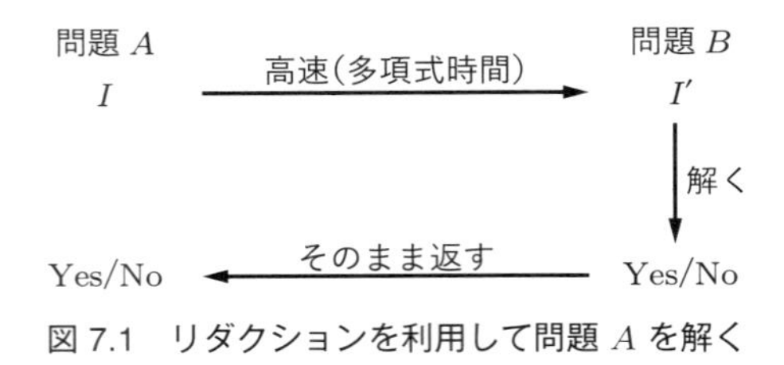

図 7.1　リダクションを利用して問題 A を解く

さてここで，問題 B に対する多項式時間アルゴリズムがあったとしよう．例題の変換は，条件 (1) より多項式時間で行える．また，B を解く部分は多項式時間で行える．最後に答を出す部分は，そのまま返すだけなので定数時間でできる．つまりこれは，問題 A に対する多項式時間アルゴリズムになっている．問題 A から問題 B へのリダクションの存在を示すことで，「問題 B に対する多項式時間アルゴリズムがあれば，問題 A にも多項式時間アルゴリズムがある」ことがいえたのである．

この対偶を取ると，「問題 A に対する多項式時間アルゴリズムがなければ，問題 B にも多項式時間アルゴリズムはない」となる．本章で使いたいのはこちらのほうである．難しいことがわかっている問題 A をもってきて，それから問題 B へのリダクションを作ってやれば，問題 B の難しさを示したことになる．

7.2 リダクションの例

本節では具体的な問題を使って，リダクションがどのように行われるかを見る．問題 A としては，**和積形論理式の充足可能性問題** (SAT) を使う．

- SAT
  入力：CNF 論理式 f
  解　：f のすべての節を充足する割り当てがあるかどうか (Yes/No)

これは 5.1 節で出てきた MAX SAT（CNF 論理式 f が与えられて，できるだけ多くの節を充足する割り当てを求める問題）の判定版である．f の答が Yes であるとき f は**充足可能**，No であるとき f は**充足不能**という．（自然な判定問題に対応させるとしたら，閾値 t も入力にして「t 個以上の節を充足できるか？」を問うのであろうが，ここでは t を f の節数に限定したと考えよう．）

問題 B としては，4.4 節で見た最小頂点被覆問題の判定版を使う．4.4 節の最適化版では，グラフ G が与えられて G のサイズ最小の頂点被覆を求めるのであった．判定版では次のようになる．

- 最小頂点被覆問題（判定版）
  入力：グラフ G と整数 k のペア (G, k)
  解　：G はサイズ k 以下の頂点被覆をもつかどうか (Yes/No)

それでは，SAT から最小頂点被覆問題へのリダクションを示す．SAT の例題として

$$f = (x_1 \vee \neg x_2 \vee x_3) \wedge (x_1 \vee x_5) \wedge (x_2 \vee \neg x_3 \vee \neg x_4 \vee x_6) \wedge \cdots$$
$$\wedge (x_8 \vee x_9 \vee \neg x_{12})$$

が与えられたとしよう．変数の数を n，節の数を m とする．この f を，グラフ G と整数 k に変換する．

まず，変数 x_i に対して二つの頂点を作り，それらに「$x_i = 1$」と「$x_i = 0$」という名前を付ける．おかしな名前だが，こうしておくと後で便利である．そして，これら二つの頂点を枝で結ぶ．変数は n 個あるので，頂点は $2n$ 個，枝は n 本できる（図 7.2）．これらは f の節には無関係で，単に変数の個数のみから決まる．これを**変数ガジェット**とよぶ．ガジェットは「仕掛け」や「部品」といった意味をもつ．

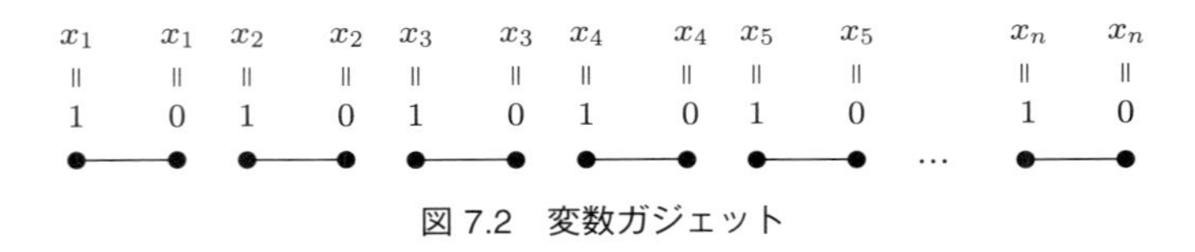

図 7.2 変数ガジェット

次に，f の節に対応する**節ガジェット**を作る．f の i 番目の節を C_i と書くことにする．C_i が ℓ_i 個のリテラルをもつならば，ℓ_i 個の頂点からなる完全グラフを作る．その各頂点には，C_i 内の各リテラルの名前をラベルとして付けておく．この様子を図 7.3 に示す．

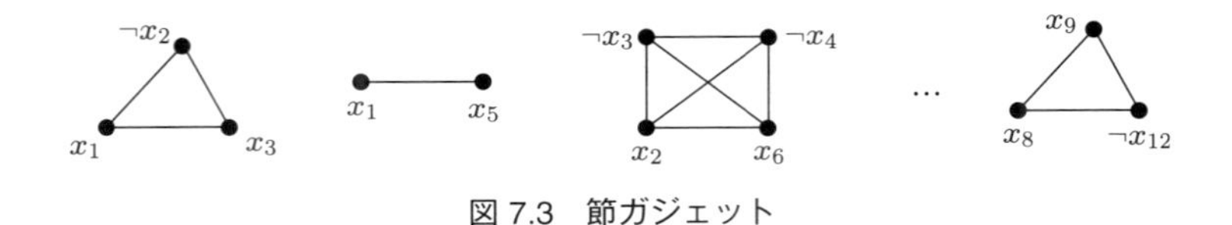

図 7.3 節ガジェット

最後に，変数ガジェットと節ガジェットを枝で結ぶ．結び方は，節ガジェットの x_i とラベルが付いた頂点は変数ガジェットの頂点「$x_i = 1$」と結び，$\neg x_i$ とラベルが付いた頂点は変数ガジェットの頂点「$x_i = 0$」と結ぶ．これを図 7.4 に示す．以上でグラフ G は完成である．

次に整数 k は，$k = n + (\ell_1 - 1) + (\ell_2 - 1) + \cdots + (\ell_m - 1)$ とする．以上でリダクションは完了である．指数的な組み合わせ計算は一切していないので，こ

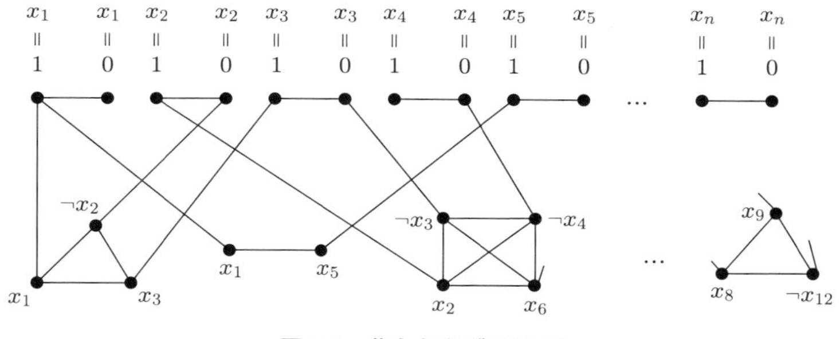

図 7.4　作られたグラフ G

れが多項式時間で実行可能なことは簡単にわかるであろう．よって，リダクションの条件 (1) は満たされている．

次にリダクションの条件 (2)，つまり答を保存していることを示す．まず，変数ガジェット内には n 本の枝がある．変数 x_i に対応する枝をカバーするためには，頂点「$x_i = 1$」か「$x_i = 0$」のどちらかを選ばなくてはならない．つまり，変数ガジェット内のすべての枝をカバーするためには，少なくとも n 頂点は選ばないといけない．次に，節 C_i に対応する節ガジェットを考える．これは完全グラフなので，この中で選ばれない頂点が二つあると，それらを結ぶ枝をカバーできない．よって，選ばない頂点は 1 個以下にしなければならない．頂点は ℓ_i 個あるので，最低 $\ell_i - 1$ 個は選ばないといけない．つまり，節ガジェット内のすべての枝をカバーするには，少なくとも $(\ell_1 - 1) + (\ell_2 - 1) + \cdots + (\ell_m - 1)$ 個の頂点を選ばなければならない．これで，選んでよいとされていた k 個の頂点はすべて選んでしまった．つまり，頂点の選び方は，ある程度制限されているのである．

上述したように，変数ガジェット内と節ガジェット内の枝はすべてカバーできているが，それらの間の枝はまだ考慮していない．しかし，規定された頂点数はもう選んでしまったので，これらの枝をカバーするために新たに頂点を選ぶことはできない．つまり，変数ガジェットと節ガジェットの間の枝は，上で選んだ頂点によって「ついでに」カバーされる必要がある．ついでにカバーするとはどういう意味をもつのだろうか？

節 $C_1 = (x_1 \vee \neg x_2 \vee x_3)$ に対応する部分を切り出してみよう（図 7.5）．C_1

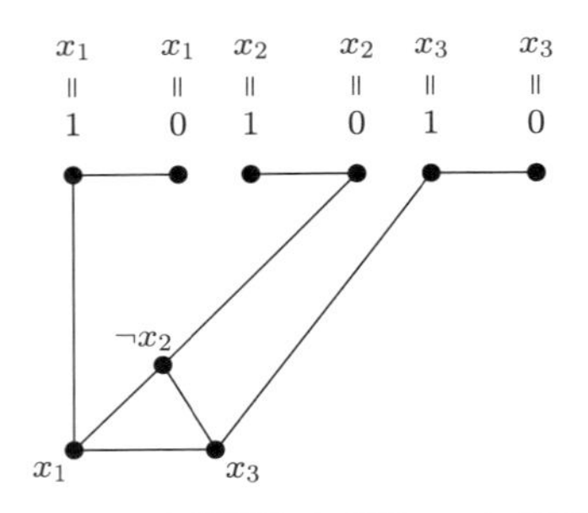

図 7.5　C_1 に関連したガジェットの周辺

は三つのリテラルをもつので，変数ガジェットとの間に 3 本の枝をもつ．節ガジェットからは 2 頂点選ぶことができるので，このうち 2 本の枝はそのついでにカバーできる．残った 1 本は，変数ガジェットのほうからついでにカバーしてもらわなければならない．すなわち，変数ガジェットのほうで頂点「$x_1 = 1$」,「$x_2 = 0$」,「$x_3 = 1$」のうち，少なくともどれか一つが選ばれていてほしい．これらの頂点名を見ると，SAT の観点でいえば，C_1 を充足する割り当てになっていることがわかる．

この考察から以下のことがわかる．変数ガジェットのほうで，各 x_i に対して頂点「$x_i = 1$」か「$x_i = 0$」のどちらかを選ぶのだったが,「$x_i = 1$」を選ぶことを SAT で変数 x_i に 1 を割り当てること,「$x_i = 0$」を選ぶことを SAT で変数 x_i に 0 を割り当てることに対応させてみる．すると，この割り当てで節 C_j が充足されていれば，それに対応する節ガジェットと変数ガジェットを結ぶ枝は，すべて「ついでに」カバーできる．節 C_j が充足されていなければ，どうしてもカバーできない枝が 1 本残ってしまう．

f の答が Yes なら，すべての節を充足する変数割り当てがあるので，それに従って変数ガジェットの頂点の選択を決める．すると，節ガジェットからうまく頂点を選べば，間の枝はすべて「ついでに」カバーされる．つまり (G, k) の答は Yes である．f の答が No ならば，どんな変数割り当てをしても充足されない節が残る．ということは，変数ガジェットから頂点をどのように選んでも，それで充足されない節のガジェットから出る枝の中に，カバーできない枝が残ってしまう．つまり (G, k) の答は No である．これでリダクションの条件 (2) が示された．

以上の議論からわかるように，最小頂点被覆問題を解くためには変数ガジェット側でどちらの頂点を選ぶかをうまく決める必要があるのだが，これはあたかも SAT を解いているようなものである．SAT が，形を変えつつも本質はそのまま，最小頂点被覆問題の中に潜んでいるのである．条件 (1) により変換は高速に行わなければならず，あまり時間をかけられないため，表面的な変更しかできていないのである．もしリダクションに指数時間かけてよいなら，f を実際に解いて Yes か No かの答を得て，答がわかったうえで改めて最小頂点被覆問題の例題を作ればよいが，そうすると f の構造は G には残らない．リダクションの条件 (1) はそれを許していない．つまりこの条件は，もとの例題の構造を崩さないまま，別の問題の例題に変換せよという意味である．

7.3 NP 完全性

本節では **NP 完全性**について概説する．まずは，クラス P と NP を定義する（**クラス**とは問題の集合である）．

- **定義：クラス NP**

  クラス NP とは，以下の性質を満たす判定問題の集合である．
  (1) 答が Yes の例題 I には「証拠」が存在し，それが与えられたら確かに I の答が Yes であるということが多項式時間でチェックできる．
  (2) 答が No の例題には，Yes と思い込ませるような間違った証拠があってはならない．

例を見てみよう．判定問題として 7.1 節で二つ（SAT と最小頂点被覆問題）を使ったが，もう一つ，最小全域木問題も例に加える．これは 4.1 節で見た問題の判定版である．

- **最小全域木問題（判定版）**

  入力：枝重み付きグラフ G と整数 k
  解　：G はコスト k 以下の全域木をもつかどうか (Yes/No)

まずはSAT を考えよう．CNF 論理式 f が充足可能なら，すべての節を充足する変数割り当てが存在する．それを「証拠」とする．提示された割り当てが本当にすべての節を充足するかどうかは，節に含まれるリテラルに値を代入して，一つひとつチェックしてみればよい．正しい証拠が提示されていれば，確かに f は充足可能だと確認できる．逆に f が充足不能であれば，どんな割り当てが与えられても，間違って Yes と判定してしまうことはない．これらの計算は多項式時間で行える．よって SAT はクラス NP に属する．

次は最小頂点被覆問題である．例題を (G, k) として，もし G がサイズ k 以下の頂点被覆をもつなら，その頂点被覆となる頂点集合を「証拠」とすればよい．頂点集合 C が証拠として提示されたら，そのサイズが k 以下であることをまずチェックする．そして，枝の両端点のうち，少なくとも一つが C に含まれていることを，すべての枝についてチェックすればよい．答が No の場合には，このチェックを通過する証拠はない．この計算は多項式時間でできるため，最小頂点被覆問題もクラス NP に属する．

最後に最小全域木問題を考える．例題 (G, k) に対して，もし G がコスト k 以下の全域木をもてば，その木を構成する枝集合を「証拠」とする．提示された枝集合が G の全域木をなし，枝の重みの総和が k 以下であることは多項式時間でチェックできる．答が No の場合にはそのような証拠はないので，最小全域木問題もクラス NP に属する．

次に，**クラス P** は，次のように定義される．

- **定義：クラス P**

クラス P とは，（証拠が与えられなくても）答が Yes か No かを多項式時間で判定できるような判定問題の集合である．

要は，多項式時間アルゴリズムをもつ問題の集合である．たとえば最小全域木問題は，例題 (G, k) が与えられたら，G にプリムのアルゴリズムを適用させて最小全域木を得，そのコストを k と比較することで答が Yes か No かがわかる．プリムのアルゴリズムは多項式時間で動作するので，最小全域木問題はクラス P に属する．しかし，SAT や最小頂点被覆問題は，クラス P に属するかどうかわかっていない．

少しわかりにくいが，定義より，クラス P は NP の部分集合である（図 7.6）．クラス P の問題は証拠なしでも多項式時間で Yes/No が判定できるので，（与えられた証拠は無視して）その多項式時間アルゴリズムで Yes/No を判定し，「そのアルゴリズムが Yes という結論を出したこと」を改めて「証拠」とすれば，それは NP の定義にかなっているからである．

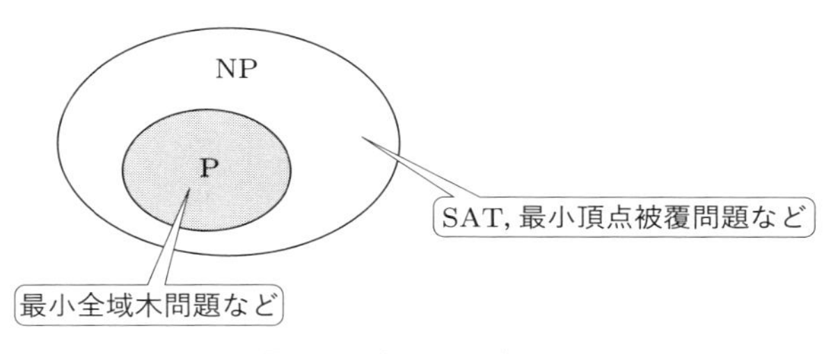

図 7.6　クラス P と NP

ところが P が NP の真部分集合であるかどうか，すなわち P と NP が一致するかどうかはまだわかっていない．これは理論計算機科学分野の有名かつ重要な未解決問題であり，**ミレニアム問題**という懸賞金付きの数学 7 大未解決問題の一つにもなっている．多くの研究者は P $\neq$ NP，つまり NP には属するが P には属さない問題があると考えている．端的にいえば，SAT や最小頂点被覆問題は多項式時間アルゴリズムをもたない，という主張である．

NP 完全性は，この未解決問題を解くための有力な手掛かりである．

● 定義：NP 完全

問題 X は，以下の条件を満たすときに NP 完全であるという．また，X を NP 完全問題という．

(1) X は NP に属する．

(2) NP に属するすべての問題から X にリダクションできる．

(1) を示すのは，すでに例で見たように簡単である．問題は (2) である．NP に属する問題は無数にある．それらすべてからリダクションできることを示すにはどうすればよいだろうか？（なお，本書でこれまで度々出てきた **NP 困難**というのは，(2) の条件だけを満たすものである．NP とは判定問題のクラスなので，最適化問題は (1) を満たすことができない．広義には，その問題を解く多項式時間アルゴリズムが存在したら P = NP となってしまうとき，その問題は NP 困難であるという.）

ここで，リダクションの推移性が役に立つ．ある問題 A から問題 B へリダクションできたとする．このリダクションを R_1 と書こう．また，問題 B から問題 C へもリダクションできたとする．このリダクションを R_2 と書こう．ここで R_1 と R_2 をつなげて合成すると，A から C へのリダクション R になっている（図 7.7）．A の例題 I を，R_1 を使って B の例題 I' に変換し，それを R_2 を使って C の例題 I'' に変換できる．この過程で Yes/No は保存されているので，I と I'' の答も一致する．

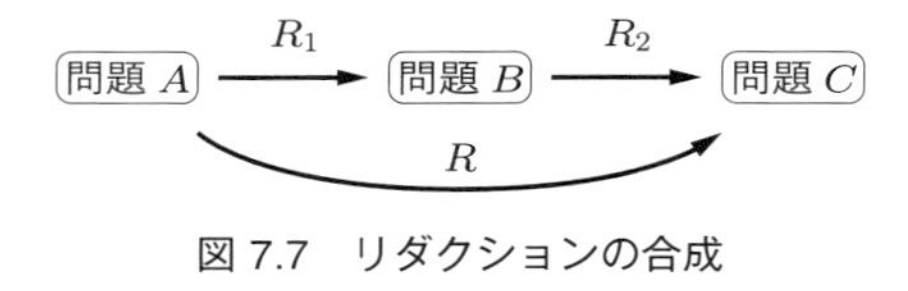

図 7.7　リダクションの合成

さてここで，ある問題 Y が NP 完全であることが示されたとしよう．すると，X について (2) を示すには，Y から X へのリダクションを一つ作ってやりさえすればよい．NP に属するすべての問題から Y へリダクション可能なので，上で述べた合成を使って X へもリダクションできる（図 7.8）．ひとたび X が NP 完全だと示されると，今度は別の問題の NP 完全性を示すために，X をリダクション元として使うこともできる．

しかし依然として，最初の NP 完全問題をどう示すかという問題が残されている．これは本書ではカバーしきれないので省略するが，最初に NP 完全性が示されたのは，前節で見た SAT である．第 1 章で紹介した 3SAT は SAT の派

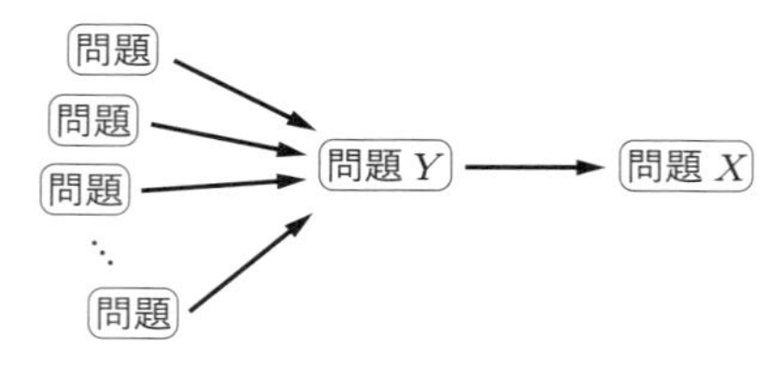

図 7.8　リダクションの合成を使って X に対して条件 (2) を示す

生問題で，3SAT が「王道の問題」なのは，こういう背景があったからである．

最後に，NP 完全性の定義がもつ意味を考えてみよう．問題 A から B にリダクションできるということは，B に多項式時間アルゴリズムがあれば A にも多項式時間アルゴリズムがあるということであった．いい換えれば，B がクラス P に属するなら A もクラス P に属するということである．そうすると，NP 完全問題 X がクラス P に属するならば，NP のすべての問題がクラス P に属することになる．これはすなわち $\mathrm{P} = \mathrm{NP}$ を意味する．$\mathrm{P} = \mathrm{NP}$ を示すためには，定義どおりだと NP に属するすべての問題に多項式時間アルゴリズムを作らなければならないが，NP 完全性の理論を使うと，ある NP 完全問題 X に対して多項式時間アルゴリズムを作ってやるだけで十分なのである．

また逆に，こうも考えられる．A から B にリダクションできるということは，A が難しければ B も難しいのであった．つまり B は A 以上に難しいと考えることができる．X には NP のどの問題からもリダクションできるのだから，X は NP の中で一番難しい．前節の言葉を借りるならば，X の中には NP のあらゆる問題が形を変えて潜んでいるのである．$\mathrm{P} \neq \mathrm{NP}$ を示すためには，NP に属するいずれかの問題が多項式時間アルゴリズムをもたないことを示せばよいが，それには NP の中で一番難しい X をターゲットに選ぶのがよさそうである．$\mathrm{P} = \mathrm{NP}$, $\mathrm{P} \neq \mathrm{NP}$ いずれを示すにしても，X のみに集中すればよいのである．

NP 完全問題は実は何千，何万とある．1971 年に SAT の NP 完全性が示されたことを皮切りに，そこからリダクションのチェーンによって次々と示されていった．たとえば本書でこれまで登場した問題では，最大独立頂点集合問題，ナップサック問題，最小頂点被覆問題，最大カット問題，巡回セールスマン問題は NP 完全である．自然な問題（これまで扱ってきたようなイメージしやすい問題）に限らなければ，NP 完全問題は無限に存在する．上で「X は一番難しい問題」と書いたが，実は NP の中には「一番難しい」問題が大量にあって，それらは全部「同率で一番難しい」のである．そのうち一つでも多項式時間アルゴリズムをもてば，それらすべてが多項式時間アルゴリズムをもつ．しかし，50 年以上にわたる研究にもかかわらず，そのどれにも多項式時間アルゴリズムが見つかっていないということは，それらが難しい問題だという「状況証拠」であるといってよいだろう．

章末問題

7.1　最大独立頂点集合問題の判定版は，グラフ G と整数 k が与えられて，G がサイズ k 以上の独立頂点集合をもてば Yes，もたなければ No と答える問題である．ただし，4.2 節や 6.2 節と違い，頂点に重みはないものとし，グラフは木に限らないものとする．最小頂点被覆問題から最大独立頂点集合問題へのリダクションを示せ．

7.2　グラフ G の**クリーク**とは，G の頂点の部分集合で，どの 2 頂点間にも枝があるものである．すなわち，G 上で完全グラフをなす部分グラフである．クリークのサイズは，それに含まれる頂点数である．最大クリーク問題の判定版とは，グラフ G と整数 k が与えられて，G がサイズ k 以上のクリークをもつなら Yes，もたないなら No と答える問題である．最大独立頂点集合問題から最大クリーク問題へのリダクションを示せ．

7.3　本文中では NP に属する問題の例ばかりを見たが，NP に属さない問題としてはどういうものが考えられるだろうか？

8 近似アルゴリズム

自分の解きたい問題が，NP 完全（NP 困難）だとわかったとしよう．すると，P≠NP を信じるなら多項式時間アルゴリズムは望めない．しかしそこで諦めるのではなく，NP 困難ながらも何とか解こうというアプローチがいくつかある．1.2 節で見たように，指数時間 c^n の c を小さくしたり，6.4 節で見たように超指数時間かかるところを指数時間に改良したりするのは，高速化を試み成功した例である．また，4.2 節や 6.2 節で見た最大独立頂点集合問題のように，一般のグラフに対しては難しくても，グラフを制限すると多項式時間で解けるような場合もある．自分の解きたい問題の特徴を捉えて，それに制限した場合のアルゴリズムを構築するというのも手である．本章では，また違ったアプローチである**近似アルゴリズム**を紹介する．

8.1 近似アルゴリズムとは

近似アルゴリズムは主に，NP 困難な最適化問題を対象とする．多項式時間で最適解を求めるのは難しいため，計算量が多項式であることは譲らない代わりに，最適性を多少犠牲にするというものである．Q を最大化問題としよう．Q の例題 I の最適解のコストを $OPT(I)$，アルゴリズム A の出力する解のコストを $A(I)$ とする．このとき，すべての例題 I に対する

$$\frac{OPT(I)}{A(I)}$$

の上界値を A の**近似度**という．Q が最小化問題の場合は，分子と分母をひっくり返して，A の近似度は

$$\frac{A(I)}{OPT(I)}$$

の上界となる．A の近似度が r 以下のとき，「A は r-近似アルゴリズムである」といういい方もする．r-近似アルゴリズムは，どんな入力に対しても，最適解の r 倍以内の答を返してくれることを保証している．近似度は 1 以上の値で，小さければ小さいほどよい．近似度が 1 の場合は常に最適解を返すことなので，もはや「近似」ではなく厳密解を返すアルゴリズムである．

もちろん指数時間の近似アルゴリズムも考えられるため，上記のようなアルゴリズムは，正確には「多項式時間近似アルゴリズム」とよぶべきである．しかし，本章では多項式時間の近似アルゴリズムしか扱わないので，単に「近似アルゴリズム」とよぶことにする．

8.2　最小頂点被覆問題

最小頂点被覆問題は，前章で NP 困難であることを示した（詳細は省くが，対応する判定問題が NP 完全なので NP 困難である）．ここでは，この問題に対する 2-近似アルゴリズムを紹介する．まずアルゴリズムは，グラフの極大マッチング M（2.1 節参照）を作る．これには，M を空集合からスタートして，マッチングの条件を崩さないように M に 1 本ずつ枝を追加していけばよい．これ以上追加できなくなったところが極大マッチングである．たとえば図 8.1（4.4 節と同じグラフ）では，太線の枝が極大マッチングをなしている．次に，極大マッチングのすべての枝の両端を集めた頂点集合を C とし，それを出力する．図 8.1 の例では $C = \{1, 2, 3, 4, 5, 8\}$ となる．

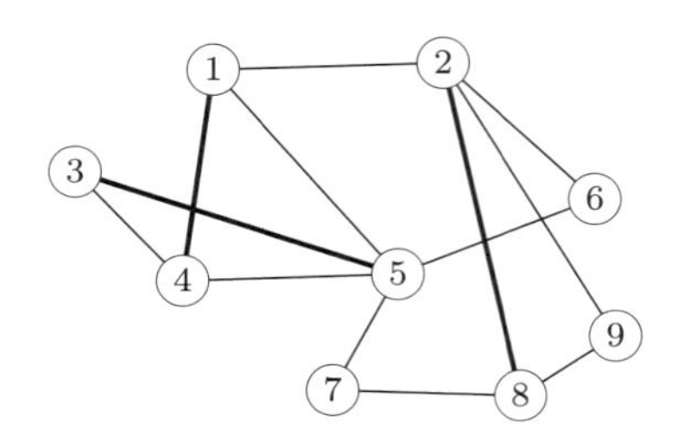

図 8.1　極大マッチング

まず，C が頂点被覆になっていることを示す．もしなっていないなら，C によりカバーされていない枝 (u,v) がある．つまり，u も v も C に入っていない．ということは，u も v もマッチング M の枝の端点になっていない．ならば M に (u,v) を加えてもマッチングなので，M が極大であったことに矛盾する．

次に，これが 2-近似アルゴリズムであることを示す．アルゴリズムの解のコストは明らかに $2|M|$ である．一方，どんな頂点被覆も M の枝をすべてカバーする必要がある．ところが M はマッチングなので，一つの頂点で M に含まれる二つの枝をカバーすることはできない．よって，M に含まれる枝それぞれについて，少なくともどちらかの端点を選ばなければならない．したがって，最適解のコストは $|M|$ 以上である．これらの比は 2 以下なので，近似度が 2 以下であることが示された．

図 8.1 の例ではサイズ 6 の解を得ており，4.4 節で見た最適解 $\{2,4,5,8\}$ のコストの 1.5 倍になっている．なお，実際に最適解の 2 倍悪い答を出してしまう例題が存在する（章末問題 8.1）．このように，アルゴリズムにとっての最悪例を作ることは重要である．この近似度 2 を改良したいとき，同じアルゴリズムの近似度解析をさらに精密に行うか，それともアルゴリズム自体を新しいものに変更するかという選択肢がある．近似度 2 を達成してしまう悪い例題の存在は，いくら解析を頑張ってもこのアルゴリズムでは 2 を下回れないことを意味するので，新しいアルゴリズムを考えるしかないことを示唆している．

最小頂点被覆問題に対する 2-近似アルゴリズムを，もう一つ紹介しよう．まず，最小頂点被覆問題を整数計画問題というもので表す．少し小さな例にしよう（図 8.2）．

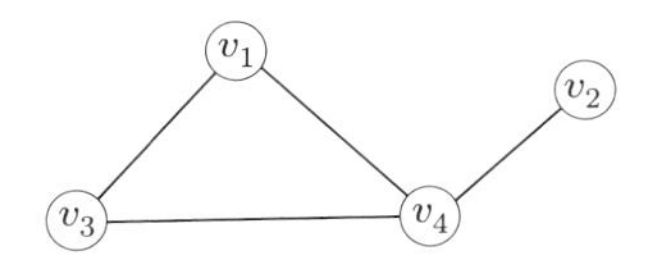

図 8.2　最小頂点被覆問題の入力

入力グラフ G の各頂点 v_i に対して，0 または 1 を取る変数 x_i を用意する．そして，これらの変数を使って**制約式**と**目的関数**を作る．

$$
\begin{aligned}
\text{目的関数}\quad & \text{Minimize } x_1 + x_2 + x_3 + x_4 \\
\text{制約式}\quad & x_1 + x_3 \geq 1 \\
& x_1 + x_4 \geq 1 \\
& x_2 + x_4 \geq 1 \\
& x_3 + x_4 \geq 1 \\
& x_i \in \{0, 1\}
\end{aligned}
$$

これは，四つの制約式を満たすように変数 $x_1 \sim x_4$ に 0 または 1 を代入して，目的関数 $x_1 + x_2 + x_3 + x_4$ の値を最小化せよ，という意味である．このような問題を**整数計画問題**という．

では，どうしてこれが最小頂点被覆問題なのだろうか？　まず，変数代入を $x_i = 1$ とすることを，「頂点 v_i を頂点被覆に選ぶ」と解釈する．$x_i = 0$ の場合は v_i を選ばない．ということは，$x_1 + x_2 + x_3 + x_4$ は頂点被覆のサイズを表し，これを最小化することを求めている．制約式の 1 行目「$x_1 + x_3 \geq 1$」を満たすためには，x_1 か x_3 のどちらかは 1 でなければならない．これは，「枝 (v_1, v_3) をカバーするために，頂点 v_1 か v_3 の少なくとも一方は選べ」といっている．残りの三つの式も，その他の枝をカバーするという制約を表している．最後の式は，変数が 0 か 1 の値しか取ってはいけないことを表している．したがって，これは最小頂点被覆問題そのものである．よって，グラフ G から作られた整数計画問題を IP_G と書き，G と IP_G の最適解のコストをそれぞれ $OPT(G)$, $OPT(IP_G)$ と書くと，$OPT(IP_G) = OPT(G)$ である．

整数計画問題も NP 困難で，簡単に解くことができない（解ければ最小頂点被覆問題も簡単に解けてしまう）．そこで，問題を解きやすいように変形してやる．具体的には，最後の式「$x_i \in \{0, 1\}$」を「$0 \leq x_i \leq 1$」と変更する．これは，変数 x_i が 0 から 1 の間の任意の実数値を取ってよいという意味である．このように変形された問題を，整数計画問題 IP_G の**線形計画緩和問題**という（一般に，目的関数や制約式が変数の 1 次式で，変数が連続値を取ってよいものを**線形計画問題**という）．IP_G の線形計画緩和問題を LP_G，その最適解のコストを $OPT(LP_G)$ と書くと，$OPT(LP_G) \leq OPT(IP_G)$ が成り立つ．なぜなら，LP_G は IP_G より実行可能解が広がっており，IP_G で達成できる値は LP_G でも達成できるが，IP_G では達成できないものまで LP_G で達成できる可能性があるからである（章末問題 8.2）．

線形計画問題は多項式時間で解くことができる．さて，LP_G を解いて最適解を得たとしよう．最適解の変数値が 0 か 1 なら，それをそのまま頂点の選択に使えばよいが，今回は 0.3 のような中途半端な値が出ている可能性がある．そこで，0 でも 1 でもない値になっていたら，それを無理やり 0 か 1 に変更してやる．これを**丸め**または**ラウンディング**という．具体的には，$0 \leq x_i < 1/2$ ならば $x_i = 0$ と，$1/2 \leq x_i \leq 1$ ならば $x_i = 1$ と丸める．これは以下の理由により，LP_G の解から IP_G の解を作ったとみなすこともできる．$x_i + x_j \geq 1$ という制約式があったとしよう．LP_G の解では，$x_i \geq 1/2$ または $x_j \geq 1/2$ が成り立っている．すると，丸めのルールにより，x_i と x_j の少なくとも一方は 1 に丸められているはずなので，丸め後も制約を満たしている．この丸めにより作られた IP_G の解のコストを $round(IP_G)$ と書くと，$round(IP_G) \leq 2OPT(LP_G)$ が成り立つ．なぜなら，この丸めにより，各変数の値は高々 2 倍にしかならないからである．

最後に，丸め後の変数値 0 または 1 に従って，$x_i = 1$ となっている頂点 v_i だけを集めた集合 C を出力する．IP_G の解は頂点被覆に対応するので，C は G の頂点被覆になっており，明らかに $|C| = round(IP_G)$ である．

それでは近似度を見積もろう．アルゴリズムの解のコストは $|C|$，最適解のコストは $OPT(G)$ である．これまでに示してきた式をつなぎ合わせると，

$$|C| = round(IP_G) \leq 2OPT(LP_G) \leq 2OPT(IP_G) = 2OPT(G)$$

すなわち $|C|/OPT(G) \leq 2$ となり，近似度が 2 以下であることを示せた．

最小頂点被覆問題には，近似度 2 未満のアルゴリズムが（1.999 でさえ）見つかっていない．現在最良の近似度は $2 - \theta(1/\sqrt{\log n})$ で，n（グラフの頂点数）が大きくなると 2 に収束する（詳しいことは省略するが，θ は 1.2 節で説明した O と 3.2 節で説明した Ω の両方の条件を満たすものである）．一方，$\mathrm{P} \neq \mathrm{NP}$ ならば近似度を $10\sqrt{5} - 21 \simeq 1.362$ より小さくできないこともわかっている（$\mathrm{P} = \mathrm{NP}$ ならば近似度 1 になるので，$\mathrm{P} \neq \mathrm{NP}$ を仮定したうえでの近似度の限界が研究されているのである）．

8.3 最大カット問題

5.3 節で見た最大カット問題は，与えられたグラフの頂点集合を V_1 と V_2 の二つに分割し，V_1 と V_2 にまたがる枝（片方の端点を V_1 に，もう一方の端点を V_2 にもつ枝）の数を最大化する問題であった．5.3 節では，この問題に対する局所探索法を見た．これは，初期解として頂点を V_1 と V_2 に適当に分ける．そして，1 頂点を V_1 から V_2 へ，または V_2 から V_1 へ移すことによりカットのサイズが大きくなるならば，それを採用する．これを繰り返していき，どの頂点を移してもサイズが大きくならなくなったとき，それを出力する．章末問題 5.4 では，このアルゴリズムが必ずしも最適解を求めないことを確かめた．

本節では，局所探索法が 2-近似アルゴリズムであることを示す．まず計算量だが，頂点 v を移すことでカットのサイズが大きくなるかどうかは，v が V_1 側と V_2 側にいくつ隣接頂点をもっているかに依存する．したがって，頂点 v を移した場合のコストの見積もりは，$O(d(v))$ 時間で計算できる（$d(v)$ は v の次数）．すべての頂点で合計すると，$\sum_{v \in V} O(d(v)) = O(m)$ となり，1 回の移動のための計算量は $O(m)$ である（m は枝の数）．また，章末問題 5.3 より頂点の移動回数は高々 m 回なので，全体の計算量は $O(m^2)$，すなわちこれは多項式時間アルゴリズムである．

次に近似度を調べる．アルゴリズムが出力したカットを V_1, V_2 とする．入力グラフの枝集合を E とし，

$$
\begin{aligned}
E_{1,1} &= \{(u,v) \in E \mid u \in V_1, v \in V_1\}, \\
E_{2,2} &= \{(u,v) \in E \mid u \in V_2, v \in V_2\}, \\
E_{1,2} &= \{(u,v) \in E \mid u \in V_1, v \in V_2\}
\end{aligned}
$$

と定義する．つまり，$E_{1,1}$ と $E_{2,2}$ はそれぞれ V_1 内部と V_2 内部の枝集合，$E_{1,2}$ はカット枝の集合であり，$E = E_{1,1} \cup E_{2,2} \cup E_{1,2}$, $|E| = |E_{1,1}| + |E_{2,2}| + |E_{1,2}|$ である．

頂点 v から V_1 に向かう枝の数を $N_1(v)$, V_2 に向かう枝の数を $N_2(v)$ とする．$v \in V_1$ ならば $N_1(v) \leq N_2(v)$ である．もし $N_1(v) > N_2(v)$ ならば（図 8.3），v を V_2 に移すことにより，カットのサイズが増えるからである．この不等式を

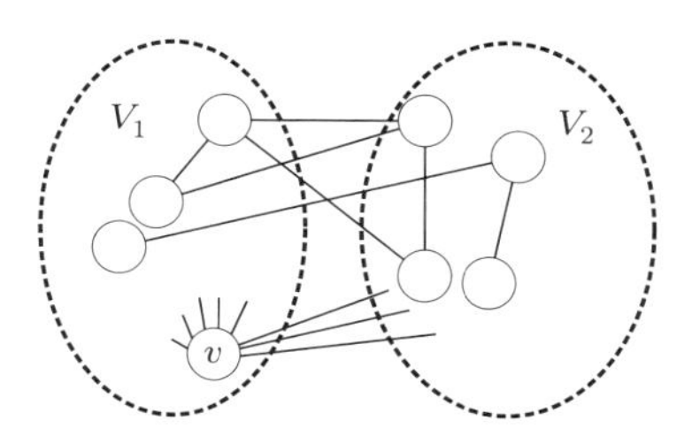

図 8.3　局所探索アルゴリズムの解における v の周辺の様子

V_1 に属するすべての v について足し合わせると，$2|E_{1,1}| \leq |E_{1,2}|$ が得られる．$E_{1,1}$ に入る枝 (u,v) は，その両端点で 2 回左辺に（$N_1(u)$ と $N_1(v)$ として）現れ，$E_{1,2}$ に入る枝は，V_1 側の端点 u に対して右辺に（$N_2(u)$ として）1 回現れるからである．同様に，$v \in V_2$ ならば $N_2(v) \leq N_1(v)$ であり，これをすべての $v \in V_2$ について足し合わせると $2|E_{2,2}| \leq |E_{1,2}|$ が得られる．$2|E_{1,1}| \leq |E_{1,2}|$ と $2|E_{2,2}| \leq |E_{1,2}|$ を辺々足して 2 で割ると $|E_{1,1}| + |E_{2,2}| \leq |E_{1,2}|$ が得られ，これと最初の $|E| = |E_{1,1}| + |E_{2,2}| + |E_{1,2}|$ より $|E_{1,2}| \geq |E|/2$ となる．入力グラフ G の最適解を $OPT(G)$ とすると，明らかに $OPT(G) \leq |E|$ である．また，局所探索法の解は $|E_{1,2}|$ であり，上で導いた不等式から $OPT(G)/|E_{1,2}| \leq 2$ となるので，局所探索法の近似度が 2 以下であることが示された．章末問題 5.4 の解は，等号が成り立つ最悪例になっている．

次に，最大カット問題に対する貪欲アルゴリズムを考えてみよう．最初 V_1 と V_2 は共に空集合で，頂点を一つずつ V_1 に入れるか V_2 に入れるか決めていく．入れた直後のカットのサイズが大きくなるほうに入れることにし，同じならばどちらに入れても構わない．図 8.4 は 5 頂点のグラフに貪欲アルゴリズムを適用させた例である．頂点内に書かれている番号の順に，頂点を V_1 か V_2 に入れている．

実は，この貪欲アルゴリズムも 2-近似アルゴリズムである．貪欲アルゴリズムの途中の段階を考えよう（図 8.5）．いま頂点 v_i を V_1 に入れるか V_2 に入れるかを決定しようとしている．ここで，v_i から V_1 の頂点に伸びる枝集合を $E_{i,1}$，V_2 の頂点に伸びる枝集合を $E_{i,2}$ とし，$E_i = E_{i,1} \cup E_{i,2}$ とする．アルゴリズムは，$|E_{i,1}| > |E_{i,2}|$ ならば v_i を V_2 に，$|E_{i,1}| < |E_{i,2}|$ ならば v_i を V_1 に入れる（$|E_{i,1}| = |E_{i,2}|$ ならばどちらかに適当に入れる）．たとえば V_2 に入れたと

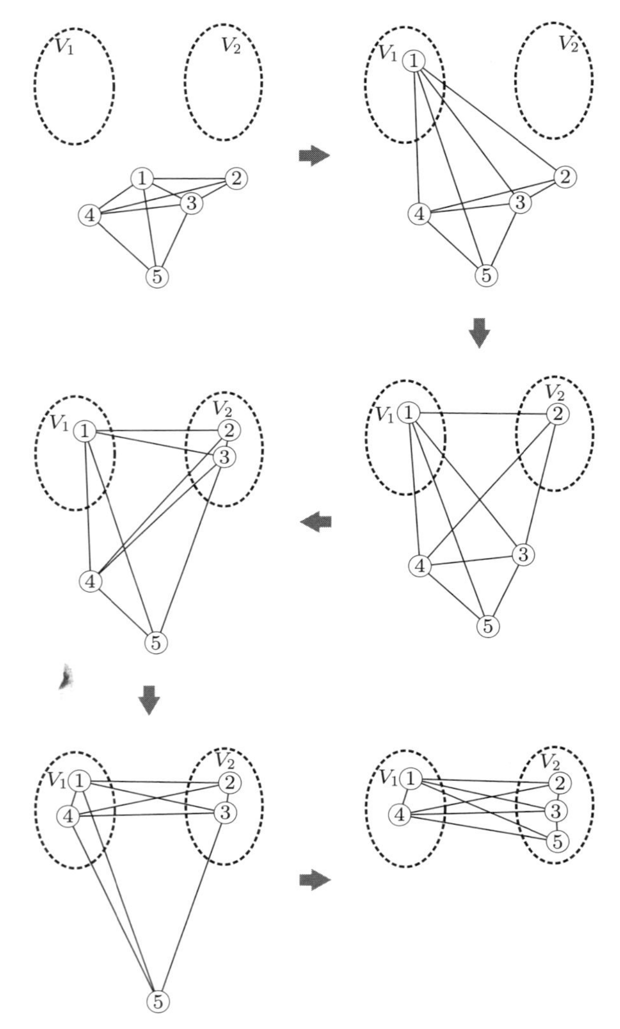

図 8.4　最大カット問題に対する貪欲アルゴリズム

すると，$E_{i,1}$ はカット枝になることが確定し，$E_{i,2}$ はカット枝にならないことが確定する．つまり，アルゴリズムは各ステップ i において，E_i のうちどの枝をカット枝にするかを決定しており，E_i のうちの少なくとも半分はカット枝にしている．グラフの枝はすべて，いずれか一つの E_i に属しているので，アル

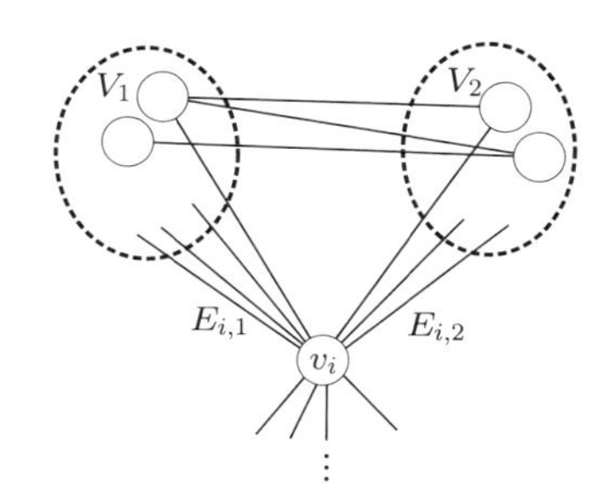

図 8.5　最大カット問題に対する貪欲アルゴリズムの途中

ゴリズムが得るカットのサイズは $|E|/2$ 以上となる．上で見たように最適値は $|E|$ を超えないので，貪欲アルゴリズムの近似度も 2 以下であることがわかる．

本節では最大カット問題に対する二つの 2-近似アルゴリズムを紹介したが，現在最良の近似度は $1.138\cdots$ である（正確な式があるのだが，複雑なので小数で書いた）．また，$\mathrm{P} \neq \mathrm{NP}$ の仮定の下では，$17/16 = 1.0625$ より小さい近似度のアルゴリズムがないことが知られている．**ユニークゲーム予想**という，$\mathrm{P} \neq \mathrm{NP}$ よりも強い予想の下では，$1.138\cdots$ より小さくできない（すなわち，現在最良の近似アルゴリズムが最適である）こともわかっている．

8.4　ナップサック問題

4.3 節と 6.3 節で見たナップサック問題を復習しよう．入力は n 個のアイテム $a_1, a_2, \ldots, a_n$ と容量 k のナップサックである．アイテム a_i は重さ $w(a_i)$，価値 $v(a_i)$ をもつ．重さの合計が k 以下で，価値の合計が最大になるようにアイテムを選ぶ問題である．

4.3 節で見た貪欲法 2 は，アイテムを単位重さ (1 g) 当たりの価値の大きい順にナップサックに詰めていくものであった．これは合理的に見えるが，最適解に比べて極端に悪い解を求めてしまう場合があることを，章末問題 4.6 で見た．しかし，ちょっとした工夫を施すことにより，これを 2-近似アルゴリズムに修正することができる．そのアルゴリズム（貪欲法 3 とよぶ）を以下に紹介する．

まず，どのアイテムも重さは k 以下だとしてよい．重さが k を超えるようなアイテムは，単体でもナップサックに入らないのだから，あっても意味がない．アイテムを単位重さ当たりの価値の大きい順に並べ替えたものを，改めて $a_1, a_2, \ldots, a_n$ とおく．貪欲法 2 と同様にアイテムを詰め込んでいき，a_s まで入れても余りがあるが，a_{s+1} を入れるとナップサックの容量を超えてしまったとする（a_s を入れたところでちょうどナップサックの容量になる場合については，最後に述べる）．このとき，$a_1, a_2, \ldots, a_s$ と a_{s+1} 単体のうち，価値の高いほう（同じならばどちらでもよい）を貪欲法 3 の解とする．

たとえば 4.3 節で見た例（表 8.1）では，アイテムは c, f, e, d, b, g, a, h の順に並べられ，c, f, e, d, b まで入ったところで 910 g になる．次の g を入れると 1100 g になり，ナップサックの容量 1000 g を超えてしまうので，g が上でいう a_{s+1} に相当する．c, f, e, d, b の価値は 305, g の価値は 55 で，前者のほうが大きいので貪欲法 3 は c, f, e, d, b を出力する（この例では貪欲法 2 と同じ結果になった）．

表 8.1 アイテムの 1 g あたりの価値（表 4.2 再掲）

	a	b	c	d	e	f	g	h
重さ (g)	400	300	170	160	200	80	190	100
価値	100	90	65	50	70	30	55	20
価値/重さ	0.25	0.3	0.38	0.31	0.35	0.375	0.28	0.2

これが 2-近似になっていることを見てみよう．最適解のコストを OPT とする．a_{s+1} を a'_{s+1} と a''_{s+1} の二つに割り，

$$w(a'_{s+1}) = k - \sum_{i=1}^{s} w(a_i)$$

となるように，つまり $a_1, a_2, \ldots, a_s, a'_{s+1}$ がぴったりナップサックに入るようにする．このとき，a_{s+1} の価値は，分けた重さに比例して分割されるものとする（図 8.6）．すなわち

$$v(a'_{s+1}) = \frac{w(a'_{s+1})}{w(a_{s+1})} v(a_{s+1})$$

になる．いま使っている例だと，アイテム g が 90 g の g' と 100 g の g'' に分けられ，g' のほうの価値は $(90/190) \times 55$ である．このとき，$a_1, a_2, \ldots, a_s, a'_{s+1}$

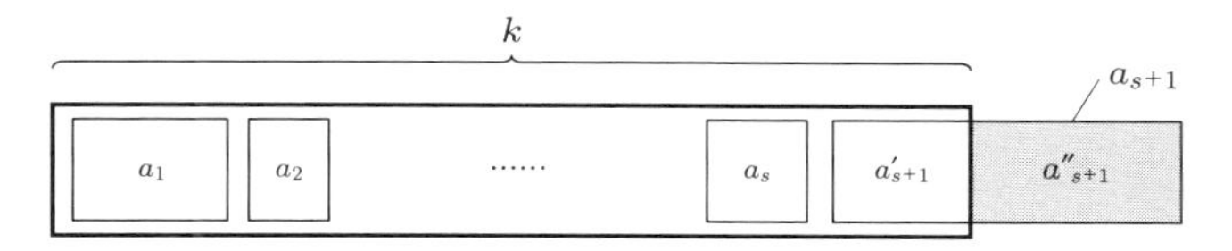

図 8.6 価値/重さの高いものから順に詰め，ナップサックをちょうど満たす

は，単位重さ当たりの価値の高いものから順に詰めていって，ちょうどナップサックの容量に達したところで切っているので，これ以上に価値を高める詰め方は存在し得ない．よって

$$\sum_{i=1}^{s} v(a_i) + v(a_{s+1}) \geq \sum_{i=1}^{s} v(a_i) + v(a'_{s+1}) \geq OPT$$

が成り立つ．貪欲法 3 は，左辺の第 1 項 $\sum_{i=1}^{s} v(a_i)$ と第 2 項 $v(a_{s+1})$ のうち，価値の高いほう（正確には低くないほう）を解としているので，そのコストは少なくとも $OPT/2$ はある．以上により，近似度が 2 以下であることがわかる．また，上記の議論より，$a_1, a_2, \ldots, a_s$ を入れたところでちょうどナップサックの容量になった場合は，それが最適解となっていることがわかるだろう．したがって，貪欲法 3 はそれを出力すればよい．章末問題 4.6 で見た貪欲法 2 に都合の悪い例は，はみ出したアイテムが極端に価値の高いアイテムだったので，貪欲法 3 はそれも考慮に入れるように修正したのである．

なお，ナップサック問題にはもっとよい近似アルゴリズムがある．6.3 節で見た動的計画法を利用することにより，どんなに小さな定数 $\epsilon > 0$ に対しても，$(1+\epsilon)$-近似アルゴリズムが存在する．このようなアルゴリズムを**完全多項式時間近似スキーム** (**FPTAS**: fully polynomial-time approximation scheme) という．不思議だが，近似度を 1 に限りなく近づけられるのに，1 にはできないのである．

8.5 巡回セールスマン問題

6.4 節で出てきた巡回セールスマン問題は，入力は枝重み付き完全グラフで，すべての頂点を 1 度ずつ通る閉路（ハミルトン閉路）の中でコスト（使われる枝の重みの総和）が最小のものを求める問題であった．頂点数を n とすると解

候補は $n!$ 通りあるが，6.4 節では動的計画法を使うことにより，$O(n^2 \cdot 2^n)$ 時間アルゴリズムを構築した．ここでは近似アルゴリズムを考える．

巡回セールスマン問題は，$\mathrm{P} \neq \mathrm{NP}$ ならば近似度が定数の近似アルゴリズムを（10000-近似アルゴリズムでさえも）もたないことがわかっている（章末問題 8.7）．ただし，グラフの枝の重みの付け方に制限を加えれば，近似できる場合もある．たとえば頂点を平面上に配置して，枝 (u, v) の重みは頂点 u と v の平面上での実際の距離と定義する．これを**ユークリッド TSP** とよぶ（TSP は巡回セールスマン問題 (traveling salesman problem) の略称である）．ユークリッド TSP も前節で見たナップサック問題と同様，近似度がいくらでも 1 に近い近似アルゴリズムをもつことがわかっている．ただし，こちらは計算時間の面で FPTAS に劣り，「完全」が落ちて**多項式時間近似スキーム (PTAS: polynomial-time approximation scheme)** という（FPTAS と PTAS の違いは省略する）．また，ユークリッド TSP の条件を少し緩くした**メトリック TSP** という問題がある．これは枝重みが三角不等式を満たすもので，任意の 3 頂点 x, y, z に対して $w(x, y) + w(y, z) \geq w(x, z)$ が成り立つというものである．x から z に行くときに，y を経由することにより短くなることはない（遠まわりによる近道はない）という制限である．メトリック TSP がユークリッド TSP を含むことは定義から容易にわかるが，これは真に含んでいる（章末問題 8.5）．メトリック TSP は近似度が定数の近似アルゴリズムをもつが，ユークリッド TSP と違い，$\mathrm{P} \neq \mathrm{NP}$ ならば，近似度をいくらでも 1 に近づけることはできない．

■ メトリック TSP に対する 2-近似アルゴリズム

本節では，メトリック TSP に対する 2-近似アルゴリズムを紹介する．入力となる枝重み付き完全グラフを G とする．まず第 1 ステップで，G の最小全域木を作り，これを T とする（図 8.7(a)）．これには 4.1 節で紹介したプリムのアルゴリズムを使えばよい．次に，ある頂点から出発して各枝を 2 度ずつ通る巡回路を生成し，これを D とする（図 8.7(b)）．D では複数回訪問されている頂点があるが，1 度通った頂点を 2 度目に訪問する際にはその頂点はスキップするように D を修正し，この結果を C とする（図 8.7(c)）．C は各頂点を 1 度ずつ通っているので，ハミルトン閉路である．アルゴリズムは C を出力する．

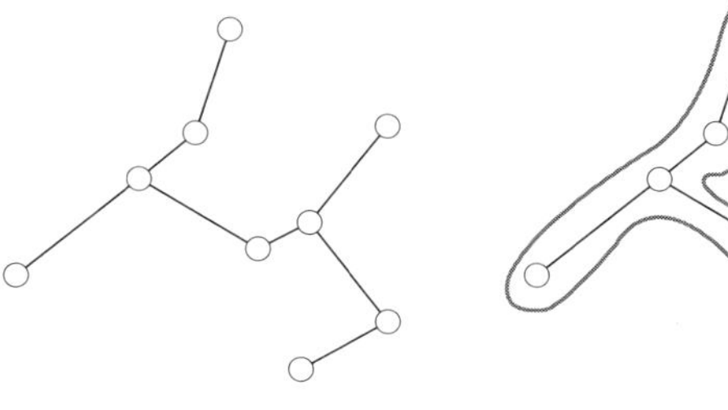

(a) G の最小全域木 T

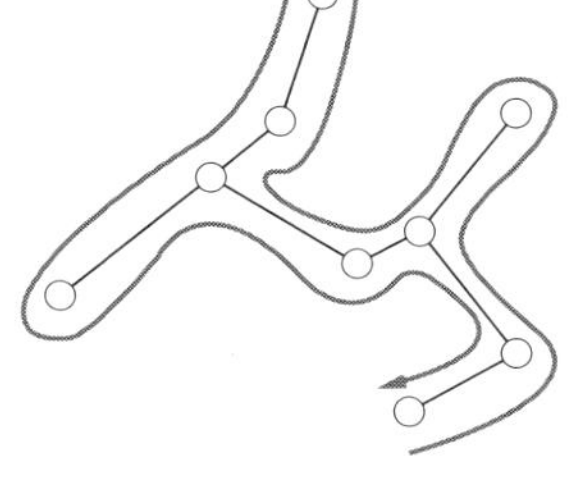

(b) 各枝を 2 度ずつ通る巡回路 D

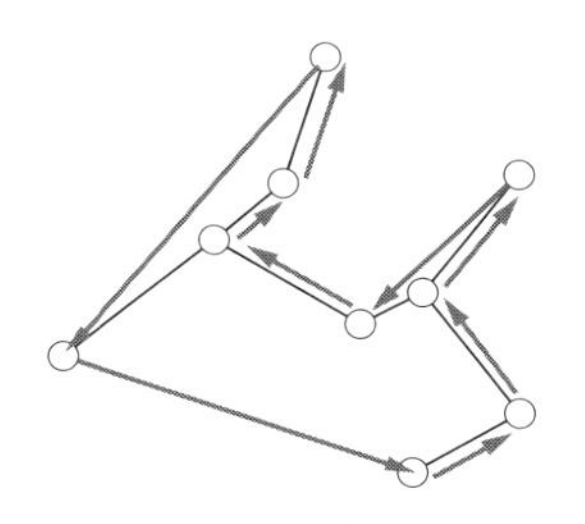

(c) アルゴリズムの解 C

図 8.7　巡回セールスマン問題に対する 2-近似アルゴリズムで作られた最小全域木と巡回路

アルゴリズムの動作は以上である．プリムのアルゴリズムは多項式時間で動くので，全体が多項式時間である．

次に，近似度を解析する．入力グラフ G の最適コストを $OPT(G)$ とする．また，アルゴリズムの各段階で作られた部分グラフ T, D, C のコスト（使われている枝の重みの総和）をそれぞれ $cost(T)$, $cost(D)$, $cost(C)$ とする．アルゴリズムの出力する解のコストは $cost(C)$ である．

まず第一の観察は $cost(T) < OPT(G)$ である．最適コスト $OPT(G)$ を達成するハミルトン閉路から枝を 1 本除いたら，すべての頂点を通る道になる（これを**ハミルトン道**という）．このハミルトン道を P とすると，$cost(P) < OPT(G)$ である．また，ハミルトン道は全域木でもある（全頂点を連結させ，閉路を含まない）．T は全域木の中で最小のものなので，$cost(T) \leq cost(P)$ が成り立つ．これで $cost(T) < OPT(G)$ を示せた．

D は T の各枝をちょうど 2 回ずつ通っているので，$cost(D) = 2cost(T)$ が成り立つ．最後に，C は D と同様にたどりながらいくつかの頂点をスキップしているので，三角不等式から，D より経路が長くなることはない．よって，$cost(C) \leq cost(D)$ である．すべてをつなげると，

$$cost(C) \leq cost(D) = 2cost(T) < 2OPT(G)$$

となり，近似度が 2 以下であることを示せた．

■ メトリック TSP に対する 1.5-近似アルゴリズム

次に，これを改良した 1.5-近似アルゴリズムを紹介する．先程と同じく，入力グラフを G とする．最小全域木 T を作るところまでは同じである．T において，次数が奇数の頂点は必ず偶数個ある（章末問題 8.6）．図 8.8(a) では，それらの頂点を黒で塗りつぶしている．次に，奇数次数の頂点に対する**最小重み完全マッチング** M を作る（図 8.8(b) の破線）．これは，完全マッチングの中で，使われる枝の重みの総和が最小のものである（完全マッチングについては 2.1 節を参照のこと）．なお，このマッチングには，入力となる完全グラフ G のどの枝を使ってもよい．本書では取り扱わないが，最小重み完全マッチングを

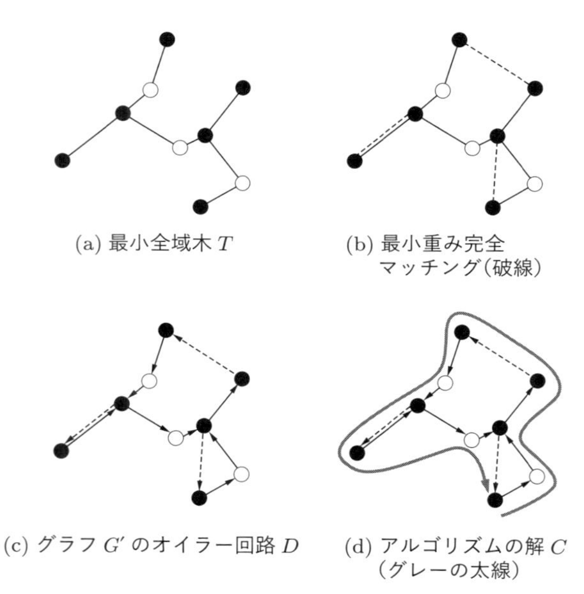

図 8.8　巡回セールスマン問題に対する 1.5-近似アルゴリズムで作られるグラフ

求める多項式時間アルゴリズムが存在する．

T に M を加えたグラフを G' とする（G' は並列枝をもつ可能性がある）．奇数次数の各頂点にはマッチングの枝が 1 本ずつ加わったので，G' ではすべての頂点の次数が偶数である．すると，2.1 節で見たように，G' にはすべての枝を 1 回ずつ通る周回路（**オイラー回路**）が存在する（また，それを多項式時間で見つけることができる）．それを D とする（図 8.8(c)）．最後に，D において 2 度通っている頂点をスキップした結果を C とする（図 8.8(d)）．アルゴリズムは C を出力する．

最初の 2-近似アルゴリズムは，すべての頂点の次数を偶数にするために，すべての枝を二重化したものと考えることができる．枝が 2 倍になったことにより，近似度も 2 になってしまった．今回はそこを工夫することで効率化を図っている．

それでは近似度を解析する．まず $cost(T) < OPT(G)$ と $cost(C) \leq cost(D)$ は，前と全く同じである．今回の D は，T と M の枝を 1 度ずつ通っているので，$cost(D) = cost(T) + cost(M)$ である（$cost(M)$ は，マッチング M に使われている枝の重みの総和である）．後で $cost(M) \leq 0.5OPT(G)$ を示す．これが示せたとすると，

$$
\begin{aligned}
cost(C) &\leq cost(D) = cost(T) + cost(M) \\
&< OPT(G) + 0.5OPT(G) = 1.5OPT(G)
\end{aligned}
$$

となり，近似度は 1.5 以下となる．

それでは $cost(M) \leq 0.5OPT(G)$ を示す．もとの問題は，グラフ G のすべての頂点を通る最小コストのハミルトン閉路を求めるのであったが，それを変形して「T の奇数次数の頂点だけをちょうど 1 回ずつ通る最小コストの閉路」を考え，これを C' とする（図 8.9(a)）．すると，$cost(C') \leq OPT(G)$ がいえる．なぜなら，$OPT(G)$ を達成するハミルトン閉路において偶数次数の頂点をスキップすれば，コストを増やさずに奇数次数の頂点だけを通る閉路にできるからである．次に C' 上の枝を，交互に枝集合 A と B に分割する（図 8.9(b)）．明らかに $cost(A) + cost(B) = cost(C')$ である．一般性を失うことなく $cost(A) \leq cost(B)$ とすると，$cost(A) \leq 0.5cost(C')$ となる．ところで，

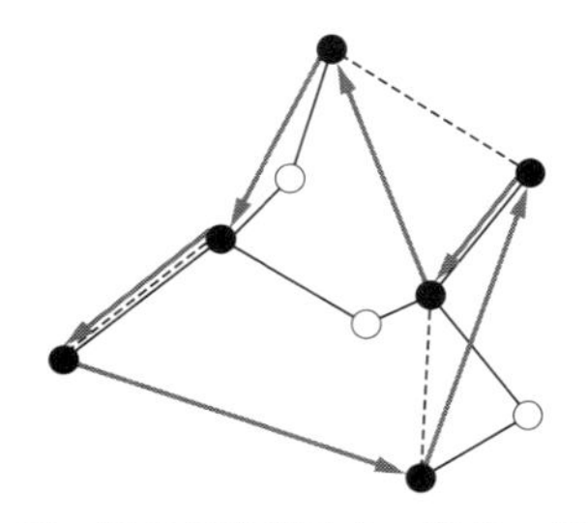

(a) 黒の頂点(●)だけを 1 度ずつ通る
最小コストの閉路 C' (グレーの太線)

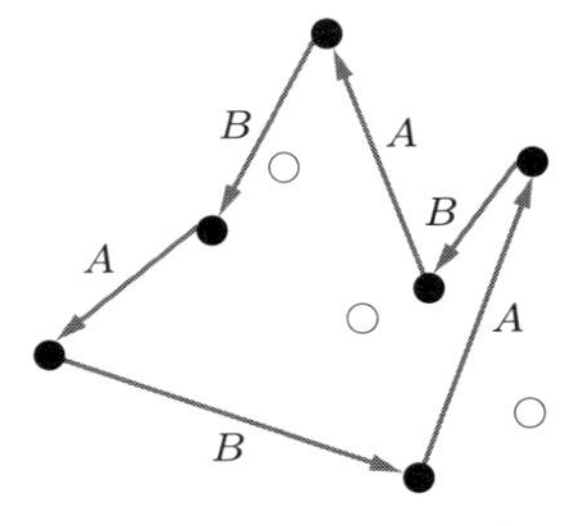

(b) C'の枝を A, B に分割

図 8.9 $cost(M) \leq 0.5OPT(G)$ の証明

A は奇数次数の頂点に対する完全マッチングになっている．M はその中でコスト最小のものであったから，$cost(M) \leq cost(A)$ である．すべてをつなげると，

$$cost(M) \leq cost(A) \leq 0.5cost(C') \leq 0.5OPT(G)$$

がいえた．

この 1.5-近似アルゴリズムは 1976 年に発表されたものだが, いまだに最良の近似度である．一方, 近似不可能性については, $\mathrm{P} \neq \mathrm{NP}$ ならば $123/122 \simeq 1.00819$ よりも近似度の小さい近似アルゴリズムが存在しないこともわかっている．これらの上下界の間にはいまだ大きなギャップがあるが，多くの専門家は真の近似度は 4/3 であると考えているらしい．

8.6 近似不可能性

本章の最後に，近似の不可能性について述べる．これまでに，「$\mathrm{P} \neq \mathrm{NP}$ ならば，この問題は○○よりも小さい近似度のアルゴリズムをもたない」という命題を何度か述べた．これはどのようにして示すのだろうか？　判定問題の難しさを示すときと同様に，リダクションを使うのである．第 7 章では判定問題から判定問題へのリダクションを考えたが，ここでは判定問題から最適化問題へのリダクションを使う．例を見てみよう．

リダクション元の判定問題としては，ハミルトン閉路問題を使う．これは，グラフ G が入力として与えられて，G がハミルトン閉路をもつかどうかを Yes

または No で答える問題で，NP 完全問題であることがわかっている．これを巡回セールスマン問題にリダクションすることにより，巡回セールスマン問題の近似不可能性を示す．

ハミルトン閉路問題の入力グラフを $G = (V, E)$ とする．これを，巡回セールスマン問題の入力である枝重み付き完全グラフ H に変換する．H の頂点集合は G と同じく V で，H は完全グラフなのですべての頂点間に枝がある．H の枝重み w は以下のように決める．n を G の頂点数とする．$(u, v) \in E$ ならば，つまり G が枝 (u, v) をもつならば，$w(u, v) = 1$ とする．そうでなければ $w(u, v) = n + 1$ とする．図 8.10 にリダクションの具体例を示す．

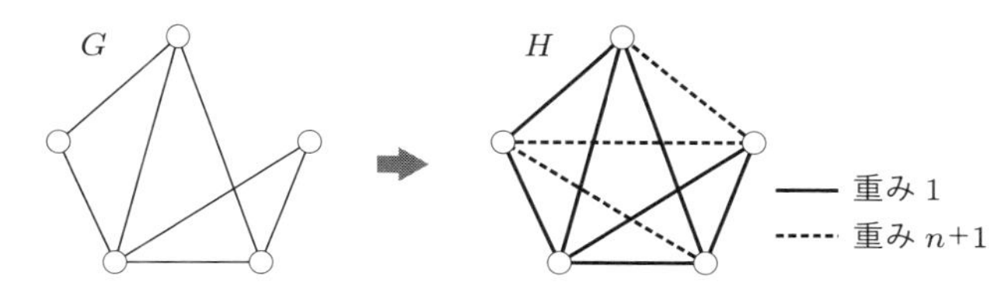

図 8.10　ハミルトン閉路問題から巡回セールスマン問題へのリダクション

ハミルトン閉路問題の例題 G の答が Yes だとすると，G はハミルトン閉路をもつ．それを H 上で同様にたどると，すべて重み 1 の枝を使っているので，その閉路のコストは n となる．つまり，H の最適値は n である．逆に G の答が No だとすると，G はハミルトン閉路をもたないので，H 上でのハミルトン閉路はどれも，重み $n + 1$ の枝を少なくとも一つ使う．残り $n - 1$ 本の枝がすべて重み 1 だったとしても，コストは $1 \times (n - 1) + (n + 1) \times 1 = 2n$ となる．つまり H の最適値は $2n$ 以上である．

ここで，巡回セールスマン問題が 1.8-近似アルゴリズム A をもつと仮定しよう．図 8.11 のように，ハミルトン閉路問題の入力 G が与えられたとき，上記の

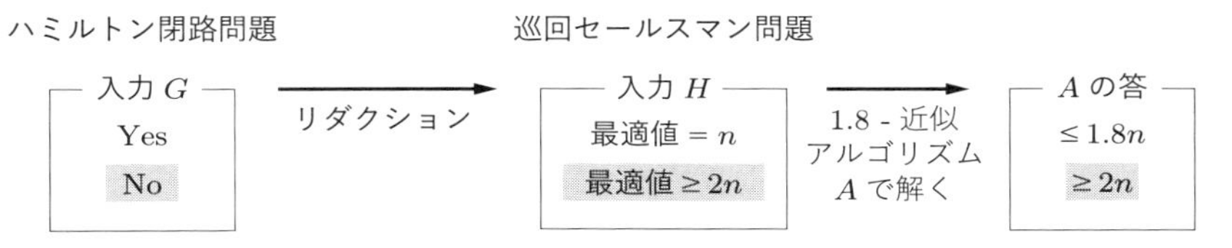

図 8.11　巡回セールスマン問題に対する近似アルゴリズムを使ってハミルトン閉路問題を解く

リダクションを使って H に変換する．これを A を使って解く．G の答が Yes だった場合，H の最適解のコストは n なので，A は $1.8n$ 以下の答を返す．G の答が No だった場合，H の最適解のコストは $2n$ 以上なので，たとえ A が最適解を返したとしてもその答は $2n$ 以上となる．よって，A の出力を見れば G の答（Yes/No）がわかる．この一連の流れは多項式時間で行えるので，これはハミルトン閉路問題を解く多項式時間アルゴリズムになっている．ハミルトン閉路問題は NP 完全問題なので，これに多項式時間アルゴリズムがあるということは，7.3 節の議論から P = NP となる．つまり，巡回セールスマン問題が 1.8-近似アルゴリズムをもつならば，P = NP となる．この対偶を取ると，P ≠ NP ならば，巡回セールスマン問題は 1.8-近似アルゴリズムをもたないことがいえる．

最後に少し補足をしておこう．上では判定問題から最適化問題へのリダクションの例を示したが，最適化問題から最適化問題へのリダクションを使う場合もある．また，少し考えればわかると思うが，上記のリダクションは 1.8 のみならず，1.999⋯-近似アルゴリズムが存在しないことを示している．これは Yes の例題から作られる H の最適値 n と，No の例題から作られる H の最適値 $2n$ の比に由来する．つまり，リダクションを工夫してこの比（ギャップ）を大きくできれば，より大きな近似不可能性を示せることになる（章末問題 8.7）．

章末問題

8.1　最小頂点被覆問題に対する極大マッチングを利用した 2-近似アルゴリズムが，最適解の 2 倍のコストの解を求めてしまう入力を答えよ．

8.2　線形計画緩和問題のほうが，もとの整数計画問題よりも最適解がよくなる例を挙げよ．

8.3　最大カット問題に対する貪欲アルゴリズムの最悪例を示せ．つまり，アルゴリズムの得るカットサイズが最適解の半分になってしまう例題を示せ．

8.4　8.4 節のナップサック問題に対する貪欲法 3 の最悪例を示せ．すなわち，貪欲法 3 の出す解のコストが最適コストのほぼ半分になってしまう例題を示せ．

8.5　メトリック TSP の例題だがユークリッド TSP の例題にはなっていない例を示せ．

8.6 メトリック TSP の 1.5-近似アルゴリズムで作られた最小全域木 T の奇数次数の頂点数が偶数個である理由を述べよ.

8.7 $\mathrm{P} \neq \mathrm{NP}$ ならば，巡回セールスマン問題はどんな定数 r に対しても r-近似アルゴリズムをもたないことを示せ.

8.8 メトリック TSP が NP 困難であることを示せ．すなわち，メトリック TSP で最適解を求める多項式時間アルゴリズムが存在するならば，$\mathrm{P} = \mathrm{NP}$ となることを示せ.

9 乱択アルゴリズム

乱択アルゴリズム（**確率アルゴリズム**ともいう）とは，アルゴリズムが実行中に乱数を発生させ，その乱数の値によってその先の計算を変えるものである．これと対照的なのが**決定性アルゴリズム**で，同じ入力に対しては基本的に同じ動作をする．決定性アルゴリズムだと，都合の悪い入力が来た場合に，極端に性能が悪くなってしまうことがある．乱択アルゴリズムは乱数を使って多様性を出すことにより，これを回避している．

実は，乱択アルゴリズムはすでにいくつか出てきている．3.1 節で見たクイックソートは，基準値の選び方を決定的（たとえば列の先頭とか，列の中央とか）にすると，それに合わせて都合の悪い例題（$\Omega(n^2)$ の時間がかかってしまう例題）を作ることができる．しかし基準値を一様ランダムに選ぶことにより，計算時間の期待値を $O(n \log n)$ にできるのだった．また，局所探索法では，乱数を使わないと毎回同じ初期値を選んでしまい，その後の解空間の移動も同じ経路をたどるため，毎回同じ局所最適解につかまってしまう．乱数を使って初期値を変えながら探索を何度も繰り返すことで，よりよい解にたどり着く可能性を上げている．本章では，乱数が効果を発揮する例をほかにもいくつか紹介する．

9.1 箱の中の当たり

n 個の箱があり，各箱には 1 番から n 番までの番号が振られている．各箱の中には当たりかはずれの紙が入っており，当たりは $n/3$ 個，はずれは $2n/3$ 個ある（図 9.1）．目的は，当たりの入っている箱を一つ見つけることである．ア

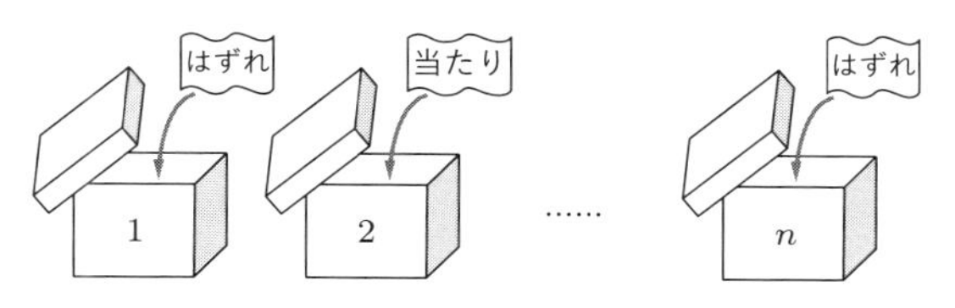

図 9.1　当たりかはずれの入った箱

ルゴリズムは箱を一つずつ開けていき，当たりが出たところで停止する．ここでは，箱を開ける回数を計算量とする．

入力ごとに箱の中身は違うが，アルゴリズムには中身がわからないので単に 1 番から n 番までの箱が並んでいるようにしか見えず，どんな入力も区別が付かない．したがって決定性アルゴリズムでは，箱を開ける順番は入力によらず一意に決まる．もちろん箱を開けた結果によって開ける順番を変えてもよいのだが，当たりが一つでも出たらその時点で終了するので，アルゴリズムの実行中にははずれしか目にすることはく，結局箱を開けた結果は何の情報ももたらさないからである．ということは，どんな決定性アルゴリズムを設計したとしても，そのアルゴリズムの最初の $2n/3$ 個がすべてはずれだという意地悪な入力が必ず存在する．この入力に対して，アルゴリズムは $2n/3+1$ ステップを要する．

一方，乱数を用いると，毎回 1 から n の値を一様ランダムに発生させて，その番号の箱を開けるというアルゴリズムを作ることができる（もちろん一度開けた箱を再度開けるのは明らかに無駄なのだが，それはここでは考えないことにする）．さて，当たりの箱を引く確率は毎回独立に 1/3 なので，箱を開ける回数の期待値はその逆数の 3 となり，平均 3 回で終了する．10 回続けてはずれを引く確率は $(2/3)^{10} \simeq 0.017$，つまり 98%の確率で 10 回以内に終了する．決定性の場合はどんなアルゴリズムにも都合の悪い入力が必ず存在したが，乱択アルゴリズムではこのように，どの入力に対しても平均的に短時間で当たりを見つけることができるというメリットがある．

9.2 二つの多項式の同一性

前節の例では，乱数を使うことによりアルゴリズムの平均計算時間を削減した．乱数の出方が悪いと時間がかかってしまうが，そのような確率は低いのであった．本節でも乱数を使うことによりアルゴリズムを高速化するが，今回は乱数の出方によらず計算時間はほぼ一定で，悪い乱数が出るとアルゴリズムは間違った答を出してしまう．ただし，誤る確率を非常に低く抑えることができる．

x に関する二つの多項式 $f(x)$ と $g(x)$ があり，それらが同一であるか，すなわち $f(x)=g(x)$ かどうかを調べたい．もちろん

$$
\begin{aligned}
f(x) &= 10x^8 + 4x^7 - 2x^5 + 3x^2 - 2x + 15\\
g(x) &= 10x^8 - 5x^7 + 6x^4 - 9x^2 - 10
\end{aligned}
$$

のように，きれいに整理された形で表されていれば，各項の係数を比較すれば済むので簡単に解ける．しかしたとえば，

$$
\begin{aligned}
f(x) = {} & (x(3x^2+6) + x^4 - 4x^5)(2x-3)\\
& - 2(x(x^2-2)+1)(4x^4 - 5(x-1))\\
& - x^2(4x^3(x^3+7) + 7x^2 - 5) + 2x^3(3x^3+5)\\
g(x) = {} & (2x^3(x^2-x) + 4x^6)x^2 + 4(4x - 5(8x+6))\\
& + (2x-3)(x^2(x^2+1) - x^3(4x^4+1) + 6)\\
& + 16(9x+8) - 11x^3(2x^4+1) - 3x^3(1-x)
\end{aligned}
$$

のような形だとどうだろう？　各々の式を展開して整理して，次数ごとに係数を比較すれば結果が得られるが，これは一般には入力サイズの指数時間かかる．そこで，乱数を使って高速化する．

$f(x)$ と $g(x)$ の次数のうち，大きいほうを d とする．整数 $0, 1, 2, \cdots, 10d$ の中からランダムに a を選び，$f(a)=g(a)$ が成り立つかどうかを計算する．もし成り立てば $f(x)=g(x)$ であると判断し Yes と答え，成り立たなければ $f(x) \neq g(x)$ だと判断し No と答える．式の長さ（式に現れる文字数）を m とすると，この計算は $O(dm)$ 回の四則演算でできる．

もし $f(x) = g(x)$ ならば，何を a と選んでも $f(a) = g(a)$ となる．一方，$f(x) \neq g(x)$ ならば，$f(a) = g(a)$ となる a は方程式 $f(x) - g(x) = 0$ の解である．$f(x)$ と $g(x)$ の次数はどちらも d 以下なので，そのような a は高々 d 個しかない．いま $10d$ 個の整数の中から a を選んでいるので，このような a を引き当てる確率は 1/10 以下である．つまり，Yes の入力には必ず Yes と答え，No の入力には確率 0.9 以上で No と答える．誤るのは入力が No の場合のみなので，このようなアルゴリズムは**片側誤り**をもつという．

誤り確率 0.1 を減らすこともできる．たとえば上のアルゴリズムを，毎回独立に a を選びながら 3 回繰り返し，すべての試行で $f(a) = g(a)$ ならば Yes と答え，1 回でも $f(a) \neq g(a)$ であれば No と答えることとする．$f(x) = g(x)$ ならば，毎回 $f(a) = g(a)$ となるので必ず Yes と答える．$f(x) \neq g(x)$ ならば，3 回すべてで $f(a) = g(a)$ となる確率は $(0.1)^3 = 0.001$ 以下である．たった 3 回の繰り返しで，誤って Yes と答える確率を極端に減らすことができた．なお，今回の例では $0 \sim 10d$ だった範囲を $0 \sim 1000d$ などと広げることでも，誤り確率を下げることができる．しかし，a として選べる候補が限られているような場合には，繰り返しによる誤り低減は有力な手法である．

9.3 和積形論理式の最大充足問題

5.1 節で見た MAX SAT は，入力として和積形 (CNF) 論理式が与えられ，充足される節数が最大となる変数割り当てを求める問題であった．変数が n 個あるとその割り当て方は 2^n 通りあるため，多項式時間ではすべての割り当てを調べることができない．実際これは難しい問題で，7.3 節では MAX SAT の判定版である SAT が NP 完全問題であることを見た（これにより MAX SAT が NP 困難だといえる）．

本節では，MAX SAT の入力を限定した **MAX E3SAT** という問題を取り扱う．MAX E3SAT の入力は CNF 論理式で，各節がちょうど 3 個のリテラルをもつ．すなわち入力は

$$f = (x_1 \vee \neg x_3 \vee x_5) \wedge (\neg x_2 \vee \neg x_3 \vee \neg x_6) \wedge (x_2 \vee \neg x_4 \vee x_5)$$
$$\wedge (\neg x_3 \vee x_4 \vee x_5) \wedge (x_1 \vee x_5 \vee x_7) \cdots$$

のような形をしている．ただし，節は $(x_1 \vee \neg x_1 \vee x_2)$ のように同じ変数由来の複数のリテラルをもってはいけない．このように限定しても，問題が難しい（すなわち MAX E3SAT は NP 困難である）ことがわかっている．ここでは乱数を用いた簡単な近似アルゴリズムを紹介する．

各変数 x_i の値をランダムに，確率 1/2 で $x_i = 0$，確率 1/2 で $x_i = 1$ と決める．これが平均的に 8/7-近似アルゴリズムになっている．もう少し正確に書こう．まず，入力 f の最適値（充足できる最大節数）はただ一つに決まる．それを $OPT(f)$ とする．一方，アルゴリズムの答は乱数の出方によりまちまちである．これらを平均した値を $E[ALG(f)]$ と書く（「E」は期待値を意味する expectation の略である）．このとき，$OPT(f)/E[ALG(f)] \leq 8/7$ が成り立つというものである．

近似度の解析をする前に，ここで少し準備をしよう．**確率変数**とは，値が確率的に決まる変数である．たとえば，a は確率 1/4 で 5 に，確率 1/4 で 3 に，確率 1/2 で 4 になる，といった a のことである．確率変数 a の値の平均を a の**期待値**といい，$E[a]$ と書く．たとえばいまの例では，$E[a] = 5\cdot(1/4)+3\cdot(1/4)+4\cdot(1/2) = 4$ である．別の確率変数 b を，確率 1/3 で 7 に，確率 2/3 で 2 になるものとしよう．すると $E[b] = 7\cdot(1/3)+2\cdot(2/3) = 11/3$ である．次に，$c = a+b$ とすると，c もまた確率的に値が決まるので確率変数である．ここで，c の期待値について $E[c] = E[a] + E[b]$ が成り立つ．これを**期待値の線形性**という．これは，c の期待値を知りたければ，a の期待値と b の期待値をそれぞれ計算して，その和を取ればよいということを意味する（章末問題 9.3）．

さて，近似度の解析に戻ろう．f の節数を m とし，節を前から順に $C_1, C_2, \ldots, C_m$ とする．上のアルゴリズムにより，各節が充足される確率はちょうど 7/8 である．たとえば，$C_1 = (x_1 \vee \neg x_3 \vee x_5)$ を見てみよう．x_1, x_3, x_5 のそれぞれに 0 または 1 を割り当てるので，000〜111 の 8 通りの割り当て方がある（それ以外の変数には，何を割り当てても C_1 には影響しない）．それらはすべて等確率の 1/8 で起こる．このうち 010 だけが C_1 を充足せず，残りの七つの割り当ては充足するので，C_1 が充足される確率は 7/8 である．

次に，各 C_j に対して，C_j が充足されたら 1 を，充足されなかったら 0 を取る確率変数 y_j を用意する．すると，上の段落の議論から，y_j は確率 1/8 で 0 を，確率 7/8 で 1 を取るので，y_j の期待値は $E[y_j] = 0 \cdot (1/8) + 1 \cdot (7/8) = 7/8$ である．また，アルゴリズムにより充足される節の数は $y_1 + y_2 + \cdots + y_m$ で，これも確率変数である．アルゴリズムの答の期待値 $E[ALG(f)]$ は，この確率変数の期待値なので $E[y_1 + y_2 + \cdots + y_m]$ となる．これに期待値の線形性を使うと，$E[y_1 + y_2 + \cdots + y_m] = E[y_1] + E[y_2] + \cdots + E[y_m] = (7/8)m$ となる．一方，明らかに $OPT(f) \leq m$ なので，$OPT(f)/E[ALG(f)] \leq 8/7$ が示された．

ちなみに，各節のリテラルの数を 3 から 2 に変えた MAX E2SAT も NP 困難だが，「すべての節を充足させることができるか否か」の判定問題 (2SAT) は多項式時間で解くことができる（MAX E3SAT の場合は判定問題も NP 完全である）．

9.4 脱乱択化

乱択アルゴリズムのよさを全く（あるいは，ほとんど）損なわずに，ランダム性を取り除いて決定性アルゴリズムにすることを**脱乱択化**という．ここでは，9.3 節で見た MAX E3SAT に対する乱択近似アルゴリズムを，近似度を損なわず，計算時間を多項式時間に抑えたままで，脱乱択化する例を紹介する．

入力となる CNF 論理式 f において，変数 x_1 にだけ強制的に 1 を割り当てた式を f_1 とする．f_1 の残りの変数（$x_2 \sim x_n$）に，それぞれ確率 1/2 で 0 または 1 を割り当てたときに充足される節数の期待値を，k_1 とおく．前節で，もとの f に対して行った計算では，どの節もちょうど三つのリテラルを含むので，充足される確率は 7/8 であったが，今回は状況が違う．たとえば $(x_1 \vee \neg x_3 \vee x_5)$ は，x_1 によりすでに充足されており，残りの x_3 と x_5 に何が割り当てられても充足されるので，充足される確率は 1 である．またたとえば $(\neg x_1 \vee x_4 \vee \neg x_8)$ は，$\neg x_1$ では充足できないことは確定しているので，残りの x_4 と x_8 の値に依存するが，4 通りのうち 3 通りで充足するので，この節が充足される確率は 3/4 である．このように，各節の充足される確率が一様ではなくなるが，計算は簡単にできて，期待値の線形性を使うと k_1 を求めることができる．同様に，f の x_1 にだけ強制的に 0 を割り当てた式を f_0 とし，f_0 の残りの変数 $(x_2 \sim x_n)$ にそれぞれ確率 1/2 で 0 または 1 を割り当てたときに充足される節数の期待値を，

k_0 とおく．k_0 も簡単に求められる．

さてここで，次のような試行を考える．確率 1/2 で x_1 に 0 または 1 を割り当てる．その後，残りの $x_2 \sim x_n$ に，それぞれ確率 1/2 で 0 または 1 を割り当てる．このときに充足される節数の期待値はいくつか？ $x_1 = 1$ となった後で充足される節数の期待値は k_1，$x_1 = 0$ となった場合は k_0 で，これらがそれぞれ確率 1/2 で起こるので，$(1/2)k_1 + (1/2)k_0$ である．

ところで上の試行は，すべての変数に確率 1/2 で 0 または 1 を割り当てるのと同じである．前節で見たように，このときに充足される節数の期待値は $(7/8)m$ であった．つまり，$(1/2)k_1 + (1/2)k_0 = (7/8)m$ である．k_0 と k_1 の平均値が $(7/8)m$ であるから，$k_1 \geq (7/8)m$ または $k_0 \geq (7/8)m$ のどちらかが成り立つ．前者の場合は $x_1 = 1$ と確定させて以後は f_1 のみを考え，後者の場合は $x_1 = 0$ と確定させて以後 f_0 のみを考える．両方成り立った場合（つまり $k_1 = k_0 = (7/8)m$ の場合）にはどちらでもよい．仮に前者の $k_1 \geq (7/8)m$ が起こったとしよう．以降の実行の様子を図 9.2 に示すので，あわせて確認してほしい．

現在の式は f_1 で，$x_2 \sim x_n$ の $n-1$ 変数をもっている．また，これらの変数に等確率で 0 または 1 を割り当てたら，充足される節数の期待値が $k_1 \geq (7/8)m$ であることがわかっている．ここで，変数 x_2 に強制的に 1 を割り当てた式を f_{11} とし，f_{11} に対して残りの $x_3 \sim x_n$ に確率 1/2 で 0 または 1 を割り当てた場合に充足される節数の期待値を k_{11} とする．また，x_2 に強制的に 0 を割り当てた式を f_{10} とし，f_{10} に対して残りの $x_3 \sim x_n$ に等確率で 0 または 1 を割り当てた際に充足される節数の期待値を k_{10} とする．上と同じ議論により，$(1/2)k_{11} + (1/2)k_{10} = k_1$ なので，$k_{11} \geq k_1$ または $k_{10} \geq k_1$ のどちらかが成り立つ．前者の場合は $x_2 = 1$ と確定させて以後は f_{11} のみを考え，後者の場合は $x_2 = 0$ と確定させて以後 f_{10} のみを考える．仮に後者が起こったとする．

現在の式は f_{10} で，$x_3 \sim x_n$ の $n-2$ 変数をもっている．また，これらの変数に等確率で 0 または 1 を割り当てたら，充足される節数の期待値が $k_{10} \geq k_1 \geq (7/8)m$ であることがわかっている．以後は同様に，充足される節数の期待値を $(7/8)m$ から落とすことなく，1 変数ずつ確定させていく．n 変数すべてが確定したときには変数は残っていないので，この期待値は確定値になっており，そのとき

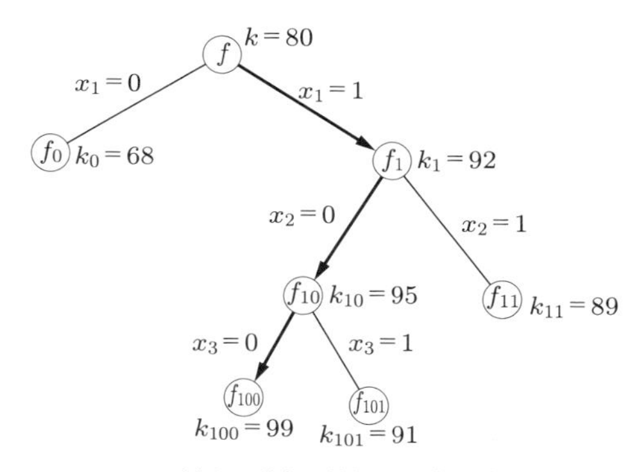

図 9.2　MAX E3SAT に対する乱択近似アルゴリズムを脱乱択化する様子

の割り当ては $(7/8)m$ 節以上を充足しているはずである．したがって，これは決定性の 8/7-近似アルゴリズムになっている．

なお，MAX E3SAT は P≠NP ならば，近似度 8/7 よりよい近似アルゴリズムをもたないことがわかっている．つまり，本節で示したアルゴリズムが，近似度の観点からは最適なアルゴリズムである．

章末問題

9.1　9.2 節で出てきた複雑なほうの $f(x)$ と $g(x)$ に対し，x に $0, 1, -1$ などを入れて同一かどうかを確かめてみよ．

9.2　9.2 節で見た多項式の同一性を判定する乱択アルゴリズムは，a の値を k 回選ぶことにより誤り確率を $(1/10)^k$ に減らしたが，k をある程度大きくすれば誤り確率を 0 にできる．これはどうしてか？

9.3　9.3 節で出てきた確率変数 a, b, c の具体例において，期待値の線形性が成り立つことを確かめよ．

9.4　k を正整数とする．MAX EkSAT の入力は，節にちょうど k 個のリテラルが含まれるものである．MAX EkSAT に対する乱択近似アルゴリズムを設計して，その平均近似度を示せ．

9.5　MAX E3SAT の乱択近似アルゴリズムに倣って，最大カット問題に対する乱択近似アルゴリズムを設計し，その平均近似度を解析せよ．

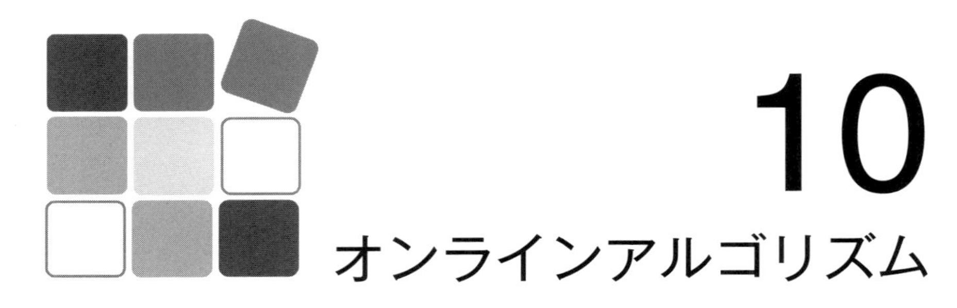

10 オンラインアルゴリズム

これまでに見てきた問題では，入力の情報すべてが与えられたうえで，アルゴリズムが計算を始めた．これに対し**オンライン問題**とは，入力は時間とともに断片的に与えられる．時刻 t の入力が与えられた後，次の時刻 $t+1$ の入力が来る前に，アルゴリズムは時刻 t の入力を処理しなければならない．しかも一旦行った処理は，後で変更することができない．本章では，このように，先の情報がわからないままに入力を処理していくアルゴリズム（**オンラインアルゴリズム**とよぶ）を見ていく．

10.1 オンライン問題とオンラインアルゴリズム

たとえば，入力として時刻ごとに円とドルの交換レートが提示され，そのレートで手持ちの円をいくらドルに交換するか，またはドルをいくら円に交換するか，または何もしないかを決定する状況を考える．後で円高になり，「あのとき円を売らなければよかった」と思っても，後悔先に立たずである．またたとえば，計算速度の異なる複数のマシンにジョブを割り当てる際，いま来たジョブを高速なマシンに割り当てると，後でもっと大きなジョブが来た場合に低速のマシンにしか割り当てられずバランスが悪い．かといっていまのジョブを低速マシンに割り当てると，この先ジョブが来なかった場合に高速マシンをしばらく遊ばせることになる．オンライン問題は，このように状況が刻々と変化する中で，一定期間にわたって意思決定をしていく状況をモデル化した問題である．

オンラインでない問題（これをオンライン問題と対比して**オフライン問題**とよぶこともある）は，NP 困難問題のように多項式時間では最適解を求められないものもあったが，時間をいくらでもかけてよいならば，原理的には最適解を求めることが可能である．これに対してオンライン問題は，計算にいくら時間をかけても将来の情報がわからない以上，最適な答を得ることができない．つまり難しさの原因が，前者は組み合わせの多さ（あるいは解空間の大きさ）にあるのに対し，後者は未来の情報の欠如にある．

オンライン問題の入力は，一般に**入力列** $\sigma = \sigma_1\sigma_2\cdots\sigma_n$ として表される．σ_i は個々の入力で，たとえば上の例では為替レートを表す．σ_i が与えられた後，アルゴリズムは σ_{i+1} を見る前に σ_i に対する処理を決定する．もちろんこの計算は速いに越したことはないが，通常はここでの計算時間は問わない．オンラインアルゴリズム A が入力列 σ に対して出した出力のコストを $A(\sigma)$ と書く．オンライン問題は，最適化問題と同様に最大化問題と最小化問題があり，アルゴリズムは入力列に対するコストを最大化または最小化することが目標である．

オンラインアルゴリズムの性能は**競合比**というもので評価する．これは第 8 章で出てきた近似度に似ている．入力列を最後まで見たうえで，各入力に対して最適な行動をしていく仮想的なアルゴリズムを**最適オフラインアルゴリズム**とよぶ．最適オフラインアルゴリズムが入力 σ に対して出した出力のコスト，すなわち σ の最適解を $OPT(\sigma)$ と書く．オンライン問題が最大化問題の場合，すべての入力列 σ に対する

$$\frac{OPT(\sigma)}{A(\sigma)}$$

の上界値をオンラインアルゴリズム A の競合比とよぶ．最小化問題の場合は

$$\frac{A(\sigma)}{OPT(\sigma)}$$

の上界値である．つまり，競合比が r のオンラインアルゴリズムは，最適解の r 倍以内の答を返すことが保証されている．

次節以降で，様々なオンライン問題とそのアルゴリズムを見てみよう．

10.2 スキーレンタル問題

友達に誘われて，生まれて初めてスキーに行くことになった．スキーをレンタルすれば 1 回 1 万円，買えば 5 万円かかる．自分がスキーを好きになるかど

図 10.1　スキーレンタル問題

うか，全くわからない．借りるか買うか，それが問題である（図 10.1）．最初の 1, 2 回はレンタルしてみて，面白そうなら思い切って買うというのが妥当な気がする．この問題をオンライン問題として捉えてみよう．

入力は毎回「スキーに行く」という情報である．これに対しアルゴリズムは，「レンタルする」か「買う」のどちらかを選ぶ．どこかのタイミングでスキーを買ったらずっと使い続けることができ，以後レンタルする必要はない．そして，ある時点でもう入力が来なくなる．つまり，それ以上スキーに行かないということである．これには最後に一つ「一つ前の入力が最後だった」という最終通告をする入力がある（それに対してはアルゴリズムは答える必要はない）と考えても構わない．解のコストは支払った総金額であり，これを最小化することが目標である．

念のため補足をしておくと，これは実際のスキーレンタルを忠実に表しているとはいいがたい．自分がスキーに行くかどうかは外から与えられるものではなく自分で決めるものだし，ひとたびスキーを買ったら，あまり行きたくなくても「せっかく買ったのだから使おう」という気持ちが働くのが人情である．しかしここではそのようなものは一切なく，あくまで「スキーに行く」という入力が与えられたら行かなければならないし，入力が終わったらスキーに行ってはいけないものとする．

では，オンラインアルゴリズムの設計に入ろう．スキーを買った後にレンタルするのは明らかに無駄なので，その後はアルゴリズムは迷う必要がない．よって「何回目に買うか」だけが問題である．まず手始めに，「毎回レンタルし続ける」というアルゴリズム 1 を考えてみる．これは明らかに競合比が悪い．$n \geq 5$

とすると，n 回スキーに行ったとき，アルゴリズム 1 は毎回レンタルして n 万円，最適オフラインアルゴリズムは最初にスキーを買って 5 万円を払う．その比 $n/5$ は n を大きくするといくらでも大きくなるので，アルゴリズム 1 の競合比は定数では収まらない．

次に，「2 回目に買う」というアルゴリズム 2 を考えてみよう．スキーに行った回数に応じたアルゴリズム 2 と最適オフラインアルゴリズムの支払い額は，表 10.1 のようになる．アルゴリズム 2 は 1 回目はレンタルするので 1 万円，2 回目に行く場合には買うのでさらに 5 万円払って 6 万円になる．それ以降は何回行っても追加料金は払わない．一方，最適オフラインアルゴリズムは行く回数がわかっているので，1 回〜4 回の場合は毎回レンタルする．5 回以上行く場合は最初に買って 5 万円払う．これらの比が最も大きくなるところは 2 回行く場合で，その比は $6/2 = 3$ になる．よってアルゴリズム 2 の競合比は 3 である．

表 10.1 アルゴリズム 2（2 回目に購入）

スキーに行った回数	1	2	3	4	5	6	7	···
アルゴリズム 2 の支払い額（万円）	1	6	6	6	6	6	6	···
最適オフラインアルゴリズムの支払い額（万円）	1	2	3	4	5	5	5	···

今度は「5 回目に買う」というアルゴリズムをアルゴリズム 3 としよう．同様に表を作ると，表 10.2 のようになる．比が最大になるのは 5 回行く場合で，$9/5 = 1.8$ である．よって，アルゴリズム 3 の競合比は 1.8 であり，アルゴリズム 2 よりよくなった．

表 10.2 アルゴリズム 3（5 回目に購入）

スキーに行った回数	1	2	3	4	5	6	7	···
アルゴリズム 3 の支払い額（万円）	1	2	3	4	9	9	9	···
最適オフラインアルゴリズムの支払い額（万円）	1	2	3	4	5	5	5	···

では，アルゴリズム 3 よりもよいアルゴリズムはあるだろうか？　実は存在しない．つまり，アルゴリズム 3 が最適である．以下ではそのことを示す．前述したように，何回目に買うかを決めればアルゴリズムは決まるので，アルゴリズムは k 回目に買うとして競合比を計算してみる．これまでの例からわかるように，k 回目に買うアルゴリズムは，ちょうど k 回スキーに行った場合に最適オ

フラインアルゴリズムとの比が最も悪くなる．これは買った直後に不要になるということだから，直感的にも理解できるだろう．このときアルゴリズムが支払う額は，$1 \times (k-1)+5 = k+4$ 万円である．$1 \leq k \leq 4$ のとき，最適オフラインアルゴリズムは毎回レンタルをするので，支払い額は k 万円である．よって競合比は $(k+4)/k = 1+4/k \geq 2$ となる．また $k \geq 6$ のときは，最適オフラインアルゴリズムは最初に買って5万円支払うので，競合比は $(k+4)/5 \geq 2$ となる．このように，$k \neq 5$ のいずれのアルゴリズムも競合比は1.8より大きいので，アルゴリズム3が最適であることが示された．

10.3　二部グラフの最大マッチング問題

ある不動産屋では，賃貸マンションの空き部屋を現在五つ取り扱っている（a〜e とする）．また，部屋を探している客が6人いる（1〜6とする）．客にどの部屋に入りたいかを聞いたアンケート結果をグラフにすると，図10.2(a)のようになった．これは二部グラフであり，客とその希望する部屋の間を枝で結んでいて，たとえば1番の客は，部屋 a か d に入りたいと思っている．部屋を客に割り当てることは，このグラフ上でマッチングを作ることと等価である（マッチングについては2.1節を参照）．図10.2(b)はマッチングの例で，a を5に，b を3に，d を1に，e を6に割り当てている．c は誰にも割り当てていない（グ

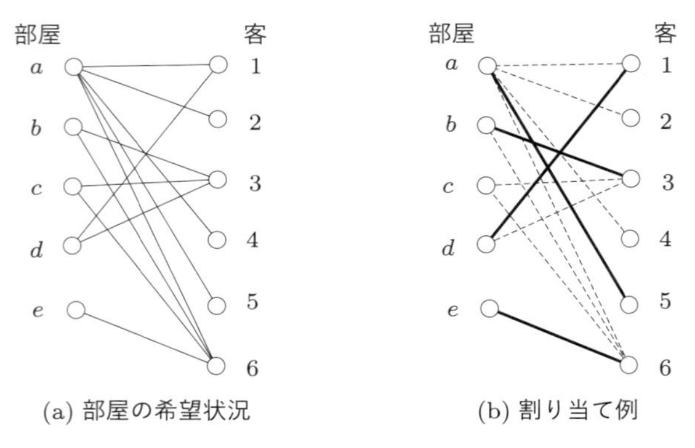

(a) 部屋の希望状況　　(b) 割り当て例

図10.2　空き部屋と客のマッチング問題

ラフ用語では，頂点 a を 5 に「マッチさせる」などといういい方をする）．

不動産屋としては，利益を最大にするためにできるだけ多くの部屋を割り当てたいと思っている．これは最大マッチングを求めることに相当する．図 10.2(b) のマッチングはサイズ 4 で，最大マッチングである（章末問題 10.2）．与えられたグラフの最大マッチングを求める問題は，（二部グラフに限らずとも）多項式時間で解くことができる．つまり，オフライン問題は高速に解くことができる．

これをオンライン問題で考えてみよう．空き部屋の状況は既知で，客が 1 人ずつ店にやって来る．次の客が来る前に，いまの客に部屋を貸すか貸さないか，貸すとしたらどの部屋を貸すかを決める．グラフでいうと，左側の頂点は最初から与えられていて，1 回の入力で右側の一つの頂点 v とそれに接続された枝が与えられる．オンラインアルゴリズムは，v を左側のどの頂点にマッチさせるか，またはどれともマッチさせないかを決める．目的は，最終的に得られるマッチングのサイズを最大にすることである．

この問題に対する貪欲アルゴリズムを与える．これは，「新しく来た頂点をマッチさせることが可能ならばさせる」というものである．マッチさせる相手が複数ある場合にはどれを選んでも構わないが，ここではわかりやすく，二部グラフの左側で上に描かれている頂点ほど優先させることにしよう．

この貪欲アルゴリズムを，図 10.2(a) の例に適用させてみる（図 10.3）．まず頂点 1 がやって来る．a と d にマッチさせることができるので，優先度の高い a にマッチさせる．次に頂点 2 がやって来るが，a はすでにマッチしているので，2 はどこにもマッチさせられない．次に頂点 3 がやって来て，b にマッチさせる．このように進んでいって，サイズ 3 のマッチングが得られた．前に見たように最大マッチングのサイズは 4 なので，貪欲アルゴリズムの競合比は少なくとも 4/3 であることがわかった．例を工夫すると，貪欲アルゴリズムの競合比が少なくとも 2 になることもいえる（章末問題 10.3）．

次に，貪欲アルゴリズムの競合比は 2 以下になることを示す．つまり章末問題 10.3 の結果と合わせると，貪欲アルゴリズムの競合比はちょうど 2 ということになる．すべての入力が与えられ終わった後の二部グラフを G とし，貪欲アルゴリズムの得たマッチングを M としよう．まず最初の観察は，M は極大マッチングだということである（極大マッチングについては 2.1 節を参照）．M

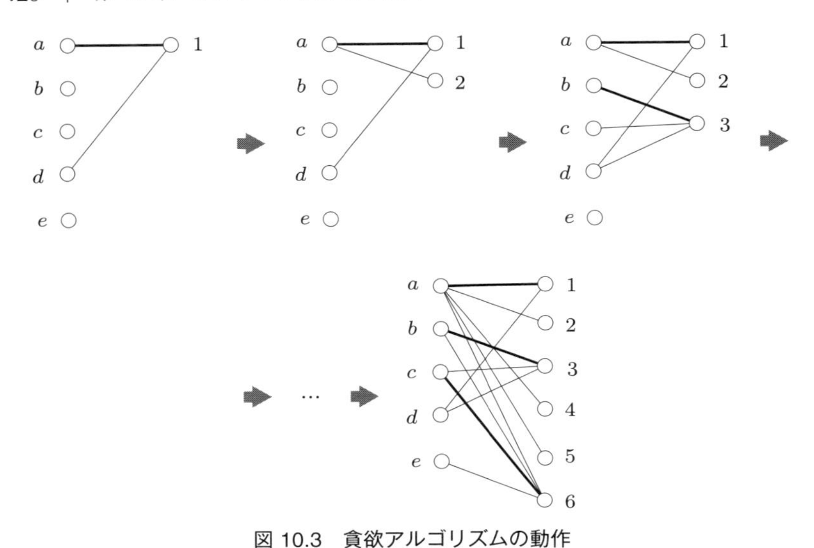

図 10.3　貪欲アルゴリズムの動作

が極大マッチングではないとしよう．すると，M に入っていない枝 (u, v) があり，u も v も M ではマッチしていない．ということは，頂点 v が来たとき u はマッチしていなかったのに，v をどこにもマッチさせなかったことになる．これは貪欲アルゴリズムの動作に反するので矛盾である．よって，M が極大マッチングであることがいえた．

次に，G の最大マッチングを M^* とし，$|M^*| \leq 2|M|$ であることをいう．もし $|M^*| > 2|M|$ であったなら，u も v も M でマッチしていないような枝 $(u, v) \in M^*$ が存在する．ということは，M に (u, v) を付け加えてもマッチングなので，M が極大であることに矛盾する．よって，$|M^*| \leq 2|M|$ がいえた．つまり，貪欲アルゴリズムは最大マッチングの半分以上のサイズのマッチングを得ているので，競合比は 2 以下である．

最後に，貪欲アルゴリズムがこの問題に対する最適アルゴリズムであることを示す．つまり，どんなオンラインアルゴリズムも競合比が 2 以上になることを示す．左側に a と b の二つの頂点がある入力グラフを考える．まず，図 10.4 のように頂点 1 が与えられたとしよう．任意のオンラインアルゴリズムは，(1) 頂点 1 をどれともマッチさせない，(2) 頂点 1 を頂点 a にマッチさせる，(3) 頂

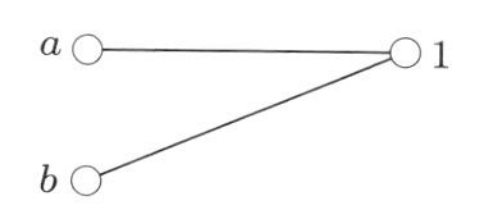

図 10.4　オンラインアルゴリズムの競合比の下限を示す例
（頂点 1 が与えられたとき）

点 1 を頂点 b にマッチさせる，のいずれかに分類できる．

(1) のタイプのアルゴリズムは，図 10.4 のグラフに対して求めるマッチングのサイズは 0 だが，最大マッチングのサイズは 1 である．(2) のタイプのアルゴリズムは，図 10.5(a) のグラフに対して求めるマッチングのサイズは 1 だが，最大マッチングのサイズは 2 である．(3) のタイプのアルゴリズムは，図 10.5(b) のグラフに対して求めるマッチングのサイズは 1 だが，最大マッチングのサイズは 2 である．いずれの場合もアルゴリズムの答が最適解の半分以下になるので，任意のオンラインアルゴリズムの競合比が 2 以上であることがいえた．

ポイントは，頂点 1 が来た段階では図 10.4 と図 10.5 の三つのグラフの区別が付かず，アルゴリズムがどんな選択をしたとしても，それに対して意地悪な次の入力（入力がそこで終わるか，頂点 2 が a につながっているか，頂点 2 が b につながっているか）を選べることである．このように，問題自体の競合比の下限（すなわち，どんなオンラインアルゴリズムも競合比がそれ以上になること）を示す際には，アルゴリズムの動きに合わせて都合の悪い入力を作る意地悪な入力生成者（**敵対者**や**アドバーサリー**という）を考えることが多い．

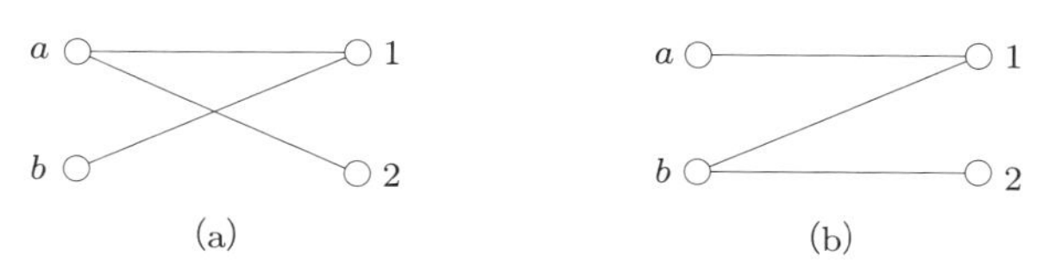

図 10.5　オンラインアルゴリズムの競合比の下限を示す例
（頂点 2 が与えられたとき）

なお，乱択アルゴリズムを用いると，平均競合比を 2 よりもよくできる．これは，最初に左側の頂点のランダムな順列を生成し，それを優先度として貪欲アルゴリズムを実行するというものである．このアルゴリズムの平均競合比は，自然対数の底を e として $e/(e-1) \simeq 1.58$ である．

このオンライン二部グラフマッチングは，web上の広告スペース取引に応用できる．最近は，頂点に重みの付いたバージョン，枝に重みの付いたバージョン，左側の頂点に右側の頂点を複数マッチさせてよいバージョンなど，様々なモデルが研究されている．

10.4 k サーバー問題

ある水道修理業者は5人の修理員を町中に配置しており，修理の依頼が来るとオペレーターがそのうちの1人を派遣する．修理が済んでも，もとの場所に戻る必要はなく，その場に留まってよい．修理の依頼は次々とやって来るが，修理員は皆熟練者であり即座に修理を終えるため，同じ修理員を連続する依頼に派遣することができる．オペレーターの目的は効率よく修理員を派遣することで，ここでは修理員全員の総移動距離をできるだけ少なくしたい．これをオンライン問題として定式化したのが **k サーバー問題**である（ここでいうサーバーとは，広く「サービスを提供するもの」という意味で使われている）．

k サーバー問題では，平面上にサーバーが k 台配置されており，入力は平面上の1点（「要求点」とよぶ）を指定することである．オンラインアルゴリズムの仕事は，k 台のサーバーのうちのどれか一つを要求点に行かせることである．この入力に対するアルゴリズムのコストは，サーバーの動いた距離である．入力列に対するアルゴリズムのコストは個々の入力に対するコストの総和であり，問題の目的はそのコストを最小化することである．なお，距離はユークリッド距離に限る必要はないし，三角不等式を満たしていなくてもよい．

まず思い付くのは，要求点に最も近いサーバーを行かせる貪欲アルゴリズムだが，このアルゴリズムの競合比は無限に大きくなってしまう（章末問題10.4）．

k サーバー問題の競合比に関しては，「k サーバー問題の競合比はちょうど k である」という有名な **k サーバー予想**がある．「予想」といっているようにまだ解決していないが，下限のほうは証明されている．すなわち，どんなオンラインアルゴリズムも競合比が k 以上になることはわかっている．上限については，競合比が $2k-1$ となるオンラインアルゴリズムの存在はわかっており，k サーバー予想はこれを k に引き下げられるという予想である．

k サーバー予想は，いくつかの限定された場合には解決している．たとえば，$k=2$ の場合は競合比 2 のアルゴリズムが存在する．また，サーバー数 k に対して要求の来る場所が $k+2$ か所しかない場合にも，競合比 k のアルゴリズムが存在する（一般の場合には平面上のどこに要求が来てもよいが，この場合にはあらかじめ定められた $k+2$ 個の点以外には要求は来ないという制約がある）．また，要求点の場所が平面上ではなく一直線上に限られており，サーバーもその直線上を移動する場合も，競合比 k のアルゴリズムが存在する．

以下では，競合比の下限が k であることと，直線上の問題の競合比の上限が k であることの証明を紹介する．

■ $\boldsymbol{k}$ サーバー問題の競合比の下限

任意のオンラインアルゴリズムを A とする．アドバーサリーは，A の動きを見ながら A にとって都合の悪い入力列を作る．あらかじめ $k+1$ 個の候補点を決めておき，毎回この中から要求点を選ぶ．なお，これは入力を制限しているが，制限された入力に対してもアルゴリズムの性能が悪いことをいっているので，下限の議論としては問題ない．

話を具体的にするために，$k=3$ の場合を考える．要求点の候補を w, x, y, z として，2 点間の距離は d を使い，たとえば x と z の距離を $d(x, z)$ のように表す．アルゴリズム A は最初，このうち 3 点にサーバーを置いていると仮定する．アドバーサリーは毎回の入力で，サーバーの置かれていない点を要求する．つまり A は毎回サーバーを動かさないといけないが，動かしたサーバーがもとあった地点を次の要求点にするのである．

例として，A は最初 w, y, z にサーバーを置いていたとしよう（図 10.6）．アドバーサリーは最初の入力で，サーバーのない x を要求する．A はいずれかのサーバーを x に動かさなければならないが，ここでは z にあるサーバーを動かしたとする．すると，アドバーサリーは 2 番目の入力で z を要求する．その要求に対して A は w に置いてあるサーバーを動かしたとしよう．するとアドバーサリーは次に w を要求する，といった具合である．

上記のような操作を続けて，作られた入力列 σ が $x\ z\ w\ x\ y$ だったとする．A のコストを $A(\sigma)$ とすると，$A(\sigma) \geq d(x, z) + d(z, w) + d(w, x) + d(x, y)$ と

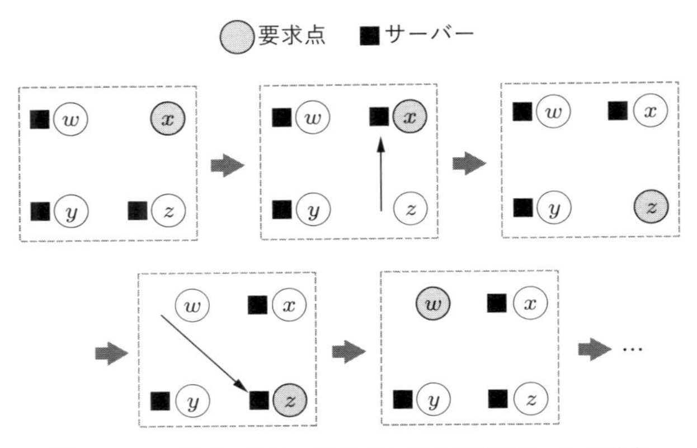

図 10.6　アドバーサリーの要求とアルゴリズム A の動き

なる．なぜかを見てみよう．2 番目の入力は z である．ということは，A は 1 番目の要求 x に対して z からサーバーを動かしているので，コスト $d(x,z)$ を発生させる．次に，3 番目の要求が w に来たということは，A は 2 番目の要求 z に対して w からサーバーを動かしているので，2 番目のコストは $d(z,w)$ である．以下同様であるが，最後の要求点 y に移動するサーバーのコストを考慮していないので，不等号になっている．一般に $\sigma = r_1\ r_2\ \cdots\ r_n$ と書くと，$A(\sigma) \geq d(r_1,r_2) + d(r_2,r_3) + \cdots + d(r_{n-1},r_n)$ となる．

以上で，アルゴリズム A がコストを大きくかけてしまう入力列を作ることができた．しかしそれだけでは駄目で，それにつられて最適コストも大きくなってしまうようでは，競合比は大きくならない．以下では，最適コストはある程度小さいことをいう．そのために，k 個のアルゴリズムを同時に実行させて，その様子を観察する．これら k 個のアルゴリズムはサーバーの初期配置だけが異なり，要求に対してサーバーを動かすルールは同じである．そのルールは，以下のとおりである．サーバーが要求点にすでにあるなら何もしない，なければ一つ前に要求された点にあるサーバーを移動する（一つ前の要求点には必ずあるはずである）．

要求点候補は $k+1$ 個あるので，k 個のサーバーをそれらの点に重複なく配置する方法は $k+1$ 通り考えられる．つまり，どの点にサーバーを置かないかで決まる．そのうち，最初の要求点に置いていない配置以外の k 種類を初期配置とする．以上が k 個のアルゴリズムの記述である．

入力列 $\sigma = x\ z\ w\ x\ y$ を使って，これらのアルゴリズムの動作を具体的に見てみよう（図 10.7）．三つのアルゴリズムを A_1, A_2, A_3 とする．最初の要求点は x なので，A_1, A_2, A_3 のサーバーの初期配置は $(w, x, y), (w, x, z), (x, y, z)$ である．1 番目の要求に対しては，どのアルゴリズムもサーバーを動かさない．2 番

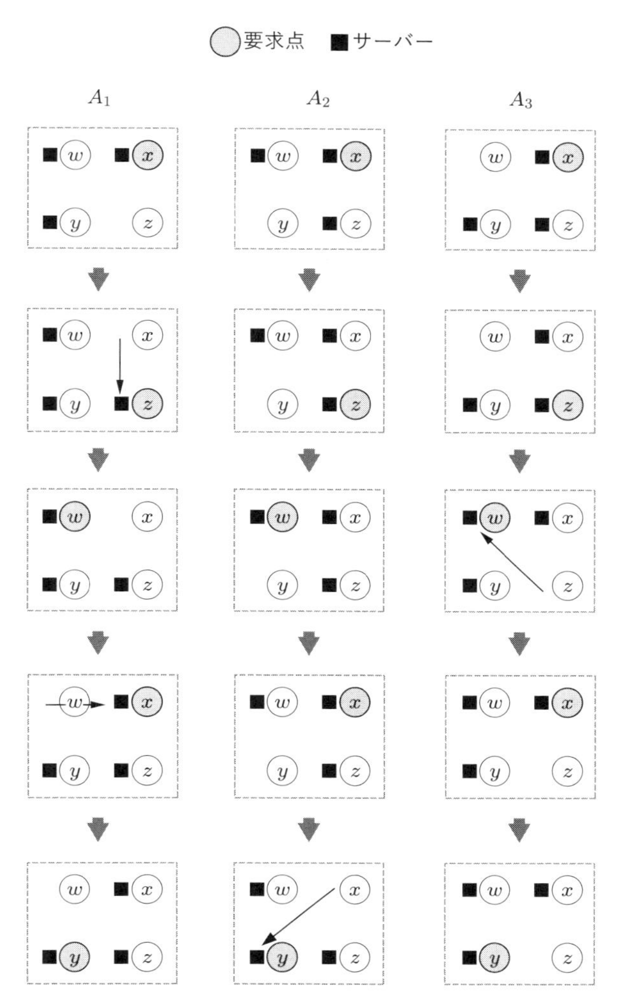

図 10.7　$\sigma = x\ z\ w\ x\ y$ に対する A_1, A_2, A_3 の動き

目の要求点は z で，A_2 と A_3 は z にサーバーがあるので動かさない．A_1 は z にサーバーがないので動かすが，ルールより一つ前の要求点 x から動かす．よってその移動距離は $d(x,z)$ で，サーバーの配置は $(w,z,y),(w,x,z),(x,y,z)$ に変わる．次の要求点は w で，A_1 と A_2 は動かさず，A_3 は一つ前の要求点 z から動かしてコストが $d(z,w)$ かかる．以後同様にやると，図 10.7 のように動く．

一般に, i 番目 $(i \geq 2)$ の要求が来たときに, アルゴリズムは一つ前の要求点からサーバーを動かすので, $d(r_{i-1}, r_i)$ のコストがかかる．ここで注目すべきは,「どの二つのアルゴリズムもサーバーの配置が同じになることはない」ということである (章末問題 10.5)．ということは, サーバーを動かすアルゴリズムは k 個の中で高々一つである．したがって, σ に対するコストをこれら k 個のアルゴリズムで合計すると, $A_1(\sigma)+A_2(\sigma)+\cdots+A_k(\sigma) \leq d(r_1,r_2)+d(r_2,r_3)+\cdots+d(r_{n-1},r_n)$ となる．平均の議論より，$A_i(\sigma) \leq (1/k)(d(r_1,r_2)+d(r_2,r_3)+\cdots+d(r_{n-1},r_n))$ となるアルゴリズム A_i が存在する．当然最適解のコストはこれ以下なので，$OPT(\sigma) \leq (1/k)(d(r_1,r_2)+d(r_2,r_3)+\cdots+d(r_{n-1},r_n))$ となる．最初の $A(\sigma) \geq d(r_1,r_2)+d(r_2,r_3)+\cdots+d(r_{n-1},r_n)$ と合わせると, $kOPT(\sigma) \leq A(\sigma)$ となり，A の競合比が k 以上であることがいえた.

直線上の k サーバー問題

次に，要求点やサーバーが直線上にしかないという制限の下での競合比 k を示す．これを達成するアルゴリズムは，貪欲アルゴリズムを改良したもので，double coverage（以後「DC」）という．DC は，k 個あるサーバーの外側（一番右のサーバーより右，もしくは一番左のサーバーより左）に要求が来た場合，貪欲アルゴリズムと同様に最も近いサーバーを動かす（図 10.8(a)）．二つのサーバーの間に要求が来た場合には，それを挟む二つのサーバーを，どちらかが要求点に達するまで等距離ずつその要求に近づける（図 10.8(b)）．要求点に到達しなかったほうのサーバーの動きは無駄であるが，これが DC の肝である．

貪欲アルゴリズムの競合比は無限に大きくなると前述した（章末問題 10.4）．DC は貪欲アルゴリズムよりも無駄をしているように見えるが，どうして競合比が無限にならないのだろうか？　図 10.9 で，x と y に交互に要求が来た場合，貪欲アルゴリズムの場合は，サーバー 2 が固定されたままサーバー 1 が無

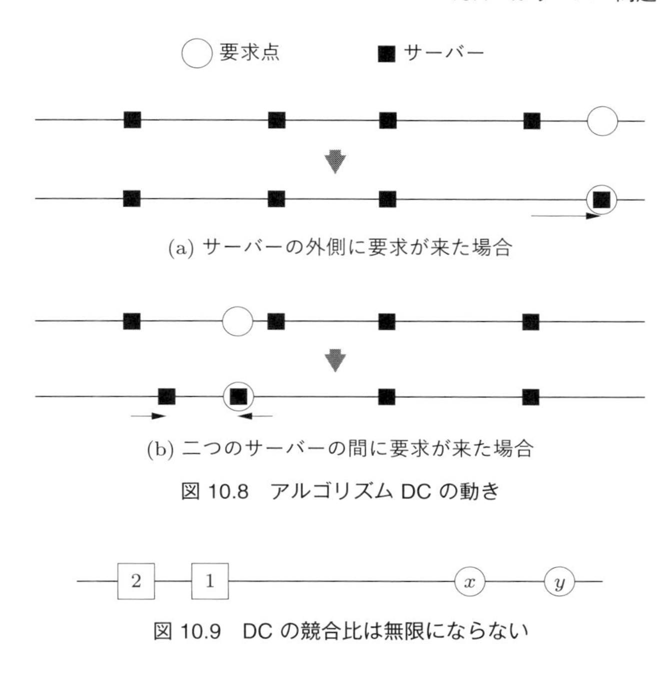

(a) サーバーの外側に要求が来た場合

(b) 二つのサーバーの間に要求が来た場合

図 10.8 アルゴリズム DC の動き

図 10.9 DC の競合比は無限にならない

限に左右に振られる．一方 DC の場合は，要求が x に来るたびにサーバー 2 は $d(x, y)$ だけ右に動く．これを何回か繰り返していくと，サーバー 2 はいずれ x に到達する．これ以降は DC は最適オフラインアルゴリズムと同じ配置になるので，（少なくともこの例に対しては）競合比が無限になることはない．

では競合比解析に入る．解析には**ならし解析**を使うので，その考え方をまず見ておこう．i 番目の入力 σ_i に対する DC のコストを $DC(\sigma_i)$，最適オフラインアルゴリズムのコストを $OPT(\sigma_i)$ とする．すべての i について $DC(\sigma_i) \leq c \cdot OPT(\sigma_i)$ が成り立っていれば，これをすべての i について足し合わせることで，競合比が c 以下であることがいえる．しかし，一般にはステップごとにコストのバラツキがあるため，この方法は甘い解析になっていることが多い．表 10.3 の小さな例を見てみよう．

これは入力列全体では，DC のコストは最適の 4/3 倍で抑えられている．しかしステップごとの比較をすると，ステップ 2 がネックになってしまい，競合比が 6 であることしかいえない．これを緩和するのがならし解析である．地面

表 10.3 最適オフラインアルゴリズムと DC のコスト

	$OPT(\sigma_i)$	$DC(\sigma_i)$
ステップ 1	5	8
ステップ 2	2	12
ステップ 3	11	6
ステップ 4	9	10
ステップ 5	2	2
ステップ 6	7	10
合計	36	48

表 10.4 ならし解析の考え方

	$OPT(\sigma_i)$	$DC(\sigma_i)$	ならし分	ならしコスト
ステップ 1	5	8	−1	7
ステップ 2	2	12	−10	2
ステップ 3	11	6	10	16
ステップ 4	9	10	2	12
ステップ 5	2	2	1	3
ステップ 6	7	10	0	10

の凸凹を平坦に「ならす」ようなイメージである．表 10.4 を見てみよう．

各ステップの $DC(\sigma_i)$ に「ならし分」を足した結果を「ならしコスト」とよぶ．重要なポイントは，

(1) 毎ステップ，ならしコスト $\leq 1.5 \cdot OPT(\sigma_i)$

(2) ならし分の合計 ≥ 0

となっていることである．(1) をすべての i について足し合わせると，「ならしコストの合計 $\leq 1.5 \cdot OPT(\sigma)$」がいえる．また，全体に対する DC のコストを $DC(\sigma)$ とすると，定義より「ならしコストの合計 $= DC(\sigma) +$ ならし分の合計」であるが，(2) より「$DC(\sigma) +$ ならし分の合計 $\geq DC(\sigma)$」となる．これらを組み合わせると，$DC(\sigma) \leq 1.5 \cdot OPT(\sigma)$ となり，競合比は 1.5 以下になることがいえた．実際の 4/3 には届いていないが，最初の 6 からすれば大きな進歩である．

もちろん，表 10.3 のようにアルゴリズムのコストと最適コストがわかっていれば，ならし分をいくらにするかを考えるのは簡単である．というより，具体

値がわかっているのだから，ならし分など考えずに合計値を比較すればよい．難しいのは，一般の場合に通用するならし分を，具体値を見ずに与えるうまい方法を見出すことである．

以上を踏まえて，競合比の解析を進めよう．入力列 σ に対する最適オフラインアルゴリズムを OPT とする．DC と OPT を σ に対して実行している途中の状態に対して，二つの値 M と Σ を定義する．たとえば $k = 4$ で，DC と OPT のサーバー配置が図 10.10 のようになっていたとしよう．

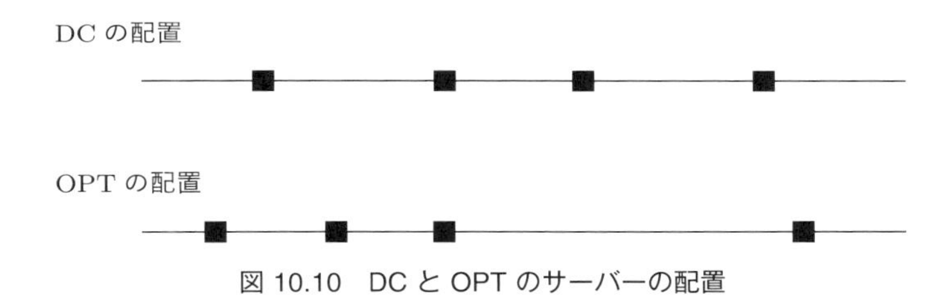

図 10.10　DC と OPT のサーバーの配置

図 10.11 のように DC のサーバーと OPT のサーバーを左から順に対応させたものを**マッチング**といい，対応するサーバーどうしの距離の合計をマッチングの**重み**とよび M と書く（図では見やすいように上下に分けて書いているが，実際には DC のサーバーも OPT のサーバーも同じ直線上に乗っており，マッチングの重みはその直線上の距離で定義する）．

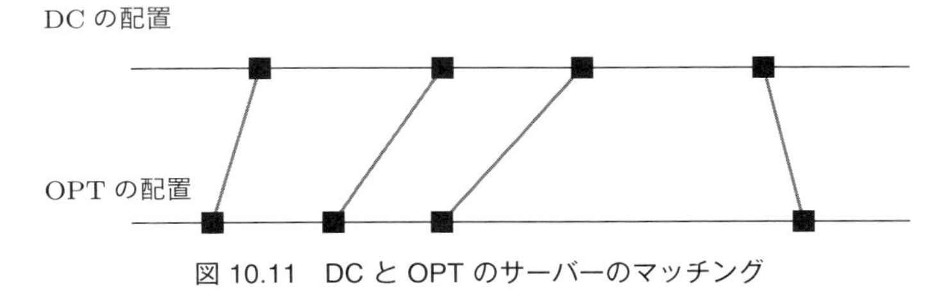

図 10.11　DC と OPT のサーバーのマッチング

もう一つの値 Σ は，DC のサーバーの配置だけから決まる．サーバーが k 個あるので，その中から 2 個のサーバーを選ぶ組み合わせは ${}_kC_2$ 通りある．そのすべてについて，二つのサーバー間の距離を足し合わせたものが Σ である（図 10.12）．

そして最後に，**ポテンシャル関数**を $T = kM + \Sigma$ と定義する．ポテンシャル

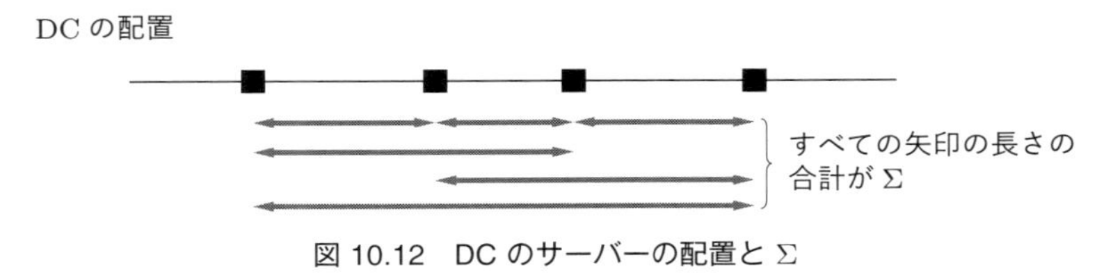

図 10.12　DC のサーバーの配置と Σ

関数とは一般に，そのときの状態により値が一意に定まる関数である．いまの場合は，DC と OPT のサーバーの配置のみから一意に値が決まる．

入力列を $\sigma = \sigma_1\sigma_2\cdots\sigma_n$ とし，DC と OPT を並列に実行する．初期状態におけるポテンシャル関数値を T_0，入力 σ_i を処理した直後のポテンシャル関数値を T_i とする．

現在，ポテンシャル関数値が T_{i-1} であるところに，入力 σ_i がやって来たとする．DC と OPT はそれぞれ，$DC(\sigma_i), OPT(\sigma_i)$ のコストをかけて σ_i を処理する．これによりサーバーの配置が変化して，ポテンシャル関数値は T_i になる．このときの T_i と T_{i-1} の関係，すなわちポテンシャル関数の変化分を見積もる．ただし DC と OPT の動きを一気に追うのは複雑なので，OPT のサーバーを動かした後に DC のサーバーを動かすと，仮想的に考える．まず，OPT が σ_i を処理した後のポテンシャル関数値を $T_{i-0.5}$ として，T_{i-1} から $T_{i-0.5}$ への変化と $T_{i-0.5}$ から T_i への変化の 2 段階に分けて解析する（図 10.13）．

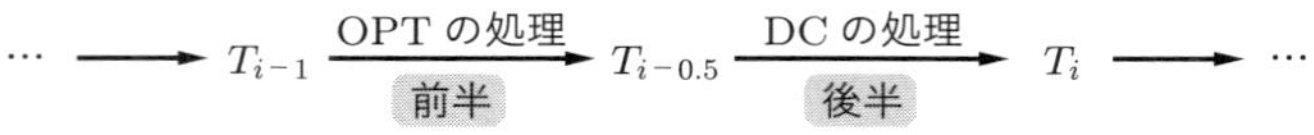

$$\cdots \longrightarrow T_{i-1} \xrightarrow[\text{前半}]{\text{OPT の処理}} T_{i-0.5} \xrightarrow[\text{後半}]{\text{DC の処理}} T_i \longrightarrow \cdots$$

図 10.13　T_{i-1} から T_i への変化分の見積もり

前半は簡単で，$T_{i-0.5} - T_{i-1} \leq k \cdot OPT(\sigma_i)$ がいえる．前半では DC はサーバーを動かさないので，Σ は変化しない．OPT がサーバーを動かした距離は $OPT(\sigma_i)$ だが，このサーバーがマッチング相手である DC のサーバーから遠ざかったとしても，M はその分の $OPT(\sigma_i)$ しか増加しない．ポテンシャル関数では M には k が掛かっているから，ポテンシャル関数値は高々 $k \cdot OPT(\sigma_i)$ しか増えない．

後半については $T_i - T_{i-0.5} \leq -DC(\sigma_i)$ となることを示す．つまり，ポテンシャル関数値は少なくとも $DC(\sigma_i)$ は減るという主張である．これには場合分けをする必要がある．

第 1 の場合は，DC がサーバーを 1 個しか動かさない場合である．これは，一番右のサーバーのさらに右に要求 σ_i が来たときである（左に要求が来る場合は同様なので省略する）．このとき，一番右のサーバーが右へ $DC(\sigma_i)$ だけ動く（図 10.14）．これにより，一番右のサーバーはほかの $k-1$ 個のサーバーから遠ざかるため，Σ は $(k-1) \times DC(\sigma_i)$ 増加する．一方，M は $DC(\sigma_i)$ 減る．なぜなら，OPT は前半で要求 σ_i を処理し終わっているので，OPT はそこにサーバーを置いているはずである．ということは，いま DC が動かしたサーバーのマッチング相手（つまり OPT の一番右のサーバー）は，σ_i か，それよりも右にある．DC の一番右のサーバーはそれに近づいたことになるので，マッチングの重みはその分減る．ポテンシャル関数では M は k 倍されているので，ポテンシャル関数値としては $k \times DC(\sigma_i)$ 減ることになる．二つを合わせると，ポテンシャル関数値は $DC(\sigma_i)$ 減る．

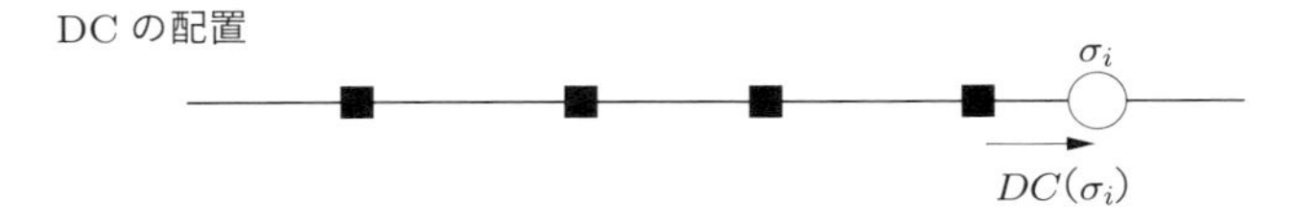

図 10.14　端のサーバーの外側に要求が来た場合

第 2 の場合は，DC がサーバーを二つ動かす場合である．今回は二つのサーバー（a, b とする）が $DC(\sigma_i)/2$ ずつ動く（図 10.15）．まず，Σ の変化を見積もる．a と b の距離はちょうど $DC(\sigma_i)$ だけ縮まる．a より左のサーバーは，a との距離は $DC(\sigma_i)/2$ 増え，b との距離は $DC(\sigma_i)/2$ 減るので，Σ の変化は打ち消しあって 0 である．b より右のサーバーにも同じことがいえて，結局 Σ は $DC(\sigma_i)$ 減る．また，第 1 の場合と同様に考えると，OPT はすでに σ_i にサーバーを置いており，a も b もそれに近づいているのだから，a と b のどちらかは

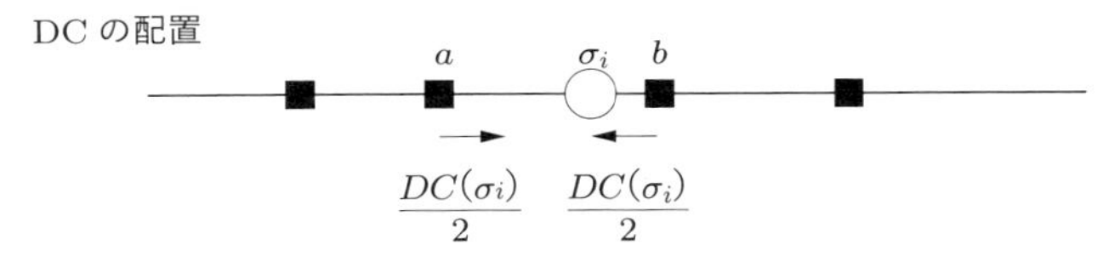

図 10.15　二つのサーバーの間に要求が来た場合

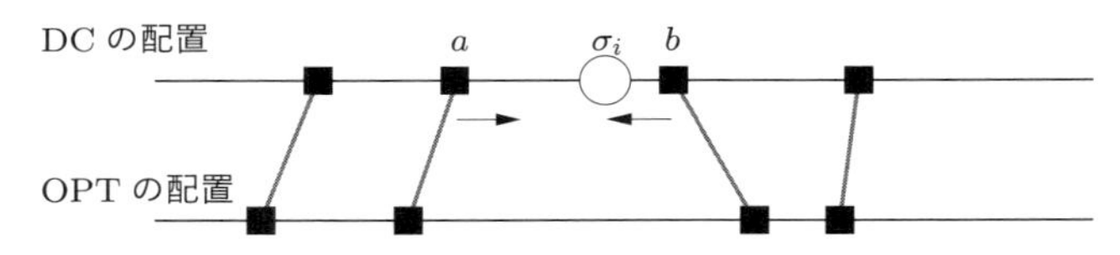

図 10.16　a も b もマッチング相手から遠ざかる（あり得ない）場合

マッチング相手に $DC(\sigma_i)/2$ だけ近づく（もし両方とも遠ざかるのであれば，図 10.16 のようになり，OPT は σ_i にサーバーを置いていないことになり矛盾する）．他方は自分のマッチング相手から遠ざかったとしても，その距離は高々 $DC(\sigma_i)/2$ である．よって，M が増えることはない．以上を総合すると，ポテンシャル関数値が少なくとも $DC(\sigma_i)$ 減ることがわかる．

$T_{i-0.5} - T_{i-1} \leq k \cdot OPT(\sigma_i)$ と $T_i - T_{i-0.5} \leq -DC(\sigma_i)$ を辺々足すと，最初にほしかった T_{i-1} から T_i への変化分の評価 $T_i - T_{i-1} \leq k \cdot OPT(\sigma_i) - DC(\sigma_i)$ が得られる．これを変形すると

$$DC(\sigma_i) + (T_i - T_{i-1}) \leq k \cdot OPT(\sigma_i)$$

となる．この左辺の $(T_i - T_{i-1})$ がならし分で，$DC(\sigma_i) + (T_i - T_{i-1})$ がならしコストである．128 ページの条件 (1) が満たされていることは式から一目瞭然である．条件 (2) を確認しよう．ならし分の合計は $(T_n - T_{n-1}) + (T_{n-1} - T_{n-2}) + \cdots + (T_2 - T_1) + (T_1 - T_0) = T_n - T_0$ である．たとえば DC と OPT の初期状態として，すべてのサーバーがある 1 点に集まっていたと考えると，$T_0 = 0$ なので条件 (2) が満たされることがわかる（本書では深入りしないが，この $T_n - T_0$ は厳密に 0 以上でなく負であっても，入力の長さに関係ない定数であることがいえれば十分なので，サーバーの初期状態に関する「すべてのサーバーがある 1 点に集まっている」という仮定は，本当は必要ない）．条件 (1), (2) がいえたので，DC の競合比が k 以下であることがいえた．

章末問題

10.1　京都の市バスは 1 回の乗車運賃が 230 円だが，600 円の一日乗車券を購入すれば，その日はその券を使って乗り放題である．毎回の降車時に，これから先何回バスに乗るかが不明な状況で，230 円払うか一日乗車券を購入するかを決定するオン

ライン問題を考える．目的は，その日支払った料金の合計（これを「コスト」とよぶことにする）を最小化することである．$i = 1, 2, 3, 4, 5$ のそれぞれについて，その日の乗車回数があらかじめ i 回とわかっていた場合の最適な行動と，そのコストを答えよ．また，最適な（つまり競合比が最小となる）オンラインアルゴリズムはどのようなものか答えよ．

10.2 図 10.2(b) のマッチングが最大マッチングである理由を述べよ．

10.3 オンライン二部グラフ最大マッチング問題に対する貪欲アルゴリズムの競合比が 2 以上になることを示せ．

10.4 10.4 節の k サーバー問題に対する貪欲アルゴリズムの競合比が，無限に大きいことを示せ．

10.5 10.4 節の k サーバー問題に対する競合比の下限の証明の中で，k 個のアルゴリズムの配置が途中で同じにならないことを示せ．

参考文献

アルゴリズムをさらに深く学びたい人のために，いくつか参考文献を挙げておく．なお，外国の書籍で日本語訳があるものは，日本語版だけを載せた．

アルゴリズム全般

- 石畑 清：アルゴリズムとデータ構造，岩波書店，1989.
- 浅野 哲夫，増澤 利光，和田 幸一：アルゴリズム論 (IT Text)，オーム社，2003.
- 岩間 一雄：アルゴリズム・サイエンス—出口からの超入門，アルゴリズム・サイエンスシリーズ，共立出版，2006.
- T. コルメン，C. ライザーソン，R. リベスト，C. シュタイン（著），浅野 哲夫，岩野 和生，梅尾 博司，山下 雅史，和田 幸一（訳）：アルゴリズムイントロダクション，近代科学社，2013（第 3 版）.
- 上原 隆平：はじめてのアルゴリズム，近代科学社，2013.
- 岩間 一雄：アルゴリズム理論入門，朝倉書店，2014.
- J. ホロムコヴィッチ（著），和田 幸一，増澤 利光，元木 光雄（訳）：計算困難問題に対するアルゴリズム理論，丸善出版，2016.
- 平田 富夫：アルゴリズムとデータ構造，森北出版，2016（第 3 版）.
- 石田 保輝，宮崎 修一：アルゴリズム図鑑 絵で見てわかる 26 のアルゴリズム，翔泳社，2017.
- 浅野 孝夫：アルゴリズムの基礎とデータ構造—数理と C プログラム，近代科学社，2017.（本書の 4.1 節の最後で述べた集合管理のデータ構造が第 9 章で説明されている）
- 伊藤 大雄：データ構造とアルゴリズム，コロナ社，2017.
- Donald E.Knuth（著），有澤 誠，和田 英一，青木 孝，筧 一彦，鈴木 健一，長尾 高弘，斎藤 博昭，松井 祥悟，松井 孝雄，山内 斉，石井 裕一郎，伊知地 宏，小出 洋，高岡 詠子，田中 久美子（訳）：The Art of Computer Programming (Vol. 1〜4A), KADOKAWA.（訳者は 4 巻全体）

グラフ理論

- J. A. Bondy, U. S. R. Murty（著），立花 俊一，奈良 知恵，田澤 新成（訳）：

グラフ理論への入門，共立出版，1991.
- N. ハーツフィールド，G. リンゲル（著），鈴木 晋一（訳）：グラフ理論入門，サイエンス社，1992.
- R. J. ウィルソン（著），西関 隆夫，西関 裕子（訳）：グラフ理論入門，近代科学社，2001.
- 一森 哲男：グラフ理論，共立出版，2002.
- 藤重 悟：グラフ・ネットワーク・組合せ論，共立出版，2002.
- 田澤 新成，白倉 暉弘，田村 三郎：やさしいグラフ論，現代数学社，2003（改訂版）.
- 惠羅 博，土屋 守正：グラフ理論，産業図書，2010（増補改訂版）.
- 仁平 政一，西尾 義典：グラフ理論序説，プレアデス出版，2010（改訂版）.
- 安藤 清，土屋 守正，松井 泰子：例題で学ぶグラフ理論，森北出版，2013.
- 宮崎 修一：グラフ理論入門—基本とアルゴリズム，森北出版，2015.
- 守屋 悦朗：ヴィジュアルでやさしい　グラフへの入門，サイエンス社，2016.

NP 完全性，計算量理論，P $\neq$ NP 予想

- Michael R. Garey, David S. Johnson: Computers and Intractability: A Guide to the Theory of NP-Completeness, W. H. Freeman & Co, 1979.
- J. E. ホップクロフト，R. モトワニ，J. D. ウルマン（著），野崎 昭弘，高橋 正子，町田 元，山崎 秀記（訳）：オートマトン言語理論 計算論 (1, 2)（第 2 版），サイエンス社，2003.
- 岩間 一雄：オートマトン・言語と計算理論，コロナ社（電子情報通信レクチャーシリーズ），2003.
- Steven Rudich, Avi Wigderson: Computational Complexity Theory, American Mathematical Society, IAS/Park City Mathematics Institute, 2004.
- 丸岡 章：計算理論とオートマトン言語理論—コンピュータの原理を明かす，サイエンス社，2005.
- Michael Sipser（著），太田 和夫，田中 圭介，阿部 正幸，植田 広樹，藤岡 淳，渡辺 治（訳）：計算理論の基礎，共立出版，2008（第 2 版）.
- Sanjeev Arora, Boaz Barak: Computational Complexity: A Modern Approach, Cambridge University Press, 2009.
- 西野 哲朗：P = NP?　問題へのアプローチ，日本評論社，2009.
- 渡辺 治：今度こそわかる P $\neq$ NP 予想，講談社，2014.
- 野崎 昭弘：「P $\neq$ NP」問題 現代数学の超難問，講談社（ブルーバックス），2015.

- 丸岡 章：やさしい計算理論—有限オートマトンからチューリング機械まで，サイエンス社，2017.

近似アルゴリズム

- V. V. ヴァジラーニ（著），浅野 孝夫（訳）：近似アルゴリズム，シュプリンガー・ジャパン，2002（丸善出版より 2012 年に再出版）.
- David P. Williamson, David B. Shmoys（著），浅野 孝夫 訳（訳）：近似アルゴリズムデザイン，共立出版，2015.
- 浅野 孝夫：近似アルゴリズム—離散最適化問題への効果的アプローチ，アルゴリズム・サイエンスシリーズ，共立出版，2019.

乱択アルゴリズム

- Rajeev Motwani, Prabhakar Raghavan: Randomized Algorithms, Cambridge University Press, 1995.
- Michael Mitzenmacher, Eli Upfal（著），小柴 健史，河内 亮周（訳）：確率と計算 —乱択アルゴリズムと確率的解析—，共立出版，2009.
- 玉木 久夫：情報科学のための確率入門—アルゴリズム・シミュレーションへの応用のために，サイエンス社，2002.
- 玉木 久夫：乱択アルゴリズム，アルゴリズム・サイエンス・シリーズ，共立出版，2008.

オンラインアルゴリズム

- Allan Borodin, Ran El-Yaniv: Online Computation and Competitive Analysis, Cambridge University Press, 1998.
- 徳山 豪：オンラインアルゴリズムとストリームアルゴリズム，アルゴリズム・サイエンスシリーズ，共立出版，2007.

（以下の二つは，10.3 節で取り扱った二部グラフのオンラインマッチングに関するサーベイ文献）

- Aranyak Mehta: Online Matching and Ad Allocation, Series in Foundations and Trends in Theoretical Computer Science, Now Publishers Inc, 2013.
- Benjamin Birnbaum, Claire Mathieu: On-line bipartite matching made simple (SIGACT news online algorithms column 12), ACM SIGACT News, Volume 39 Issue 1, Pages: 80-87, 2008.

章末問題の解答

第1章

1.1 先に r を y に代入すると $y = 1$ となり，それから y を x に代入すると $x = 1$ となってしまう．つまり，変更した後の y が x に代入されてしまうので，所望の結果が得られない．

1.2 (a) は 42，(b) は 1 で，実行過程は以下のとおり．(b) は 2 桁の数どうしで (a) に比べて桁数が少ないのに，(a) よりもステップが多くなる．

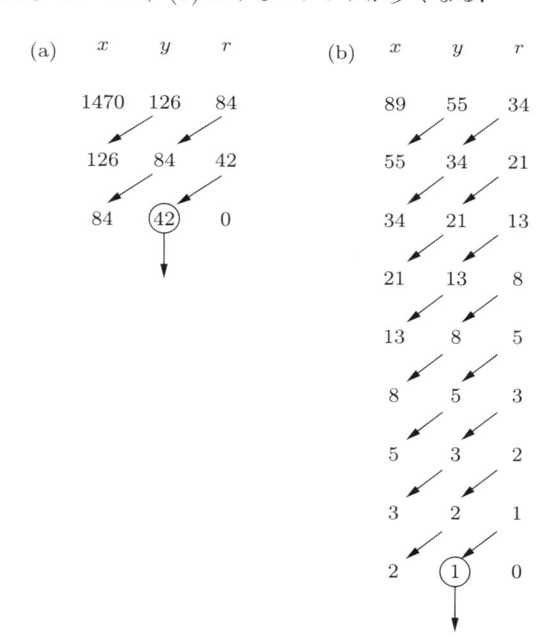

1.3 選択ソートでは，ラウンド k において最小値を見つけるために，比較を $n-k$ 回行う．これは，入力の数字の並びがどのようになっていたとしても行われる回数である．ラウンドは 1 から $n-1$ までなので，$a = (n-1)+(n-2)+\cdots+2+1 = n(n-1)/2$ である．

入力の数字が小さい順に並んでいると，各ラウンドにおいて最初に x に格納された値が最小値なので，x の更新は起こらない．x への代入は各ラウンドで 1 回ずつ起こるので，$b = n-1$ である．逆に入力の数字が大きい順に並んでいると，x の更新は新しい数字と比較するたび毎回起こるので，$b = n+(n-1)+\cdots+2+1 = n(n+1)/2$ となる．

入力の数字が小さい順に並んでいると，数字の移動は一切起こらない．よって $c = 0$ である．入力の数字が大きい順に並んでいると，毎回のラウンドで最小値を前に出すので，$c = n-1$ となる．

1.4 $c = 5, n_0 = 50$ とすると，$n \geq 50$ において $4n^2 + 50n \leq 5n^2$ なので定義を満たす．

1.5 c をどのように決めても，$n > (c-3)/5$ を満たす n に対しては $5n^4+3n^3 > cn^3$ となるので，定義を満たすような c と n_0 を取ることはできない．

第2章

2.1 枝 (u, v) は，頂点 u の次数に 1，頂点 v の次数に 1 カウントされている．したがって，次数の総和には 2 寄与している．よって，全頂点の次数の総和は，枝数の 2 倍になる．

2.2 頂点数 2 の木は明らかに葉をもつ．以下では，頂点数を 3 以上として議論する．木 T のすべての頂点の次数が 2 以上であるとして，矛盾を導く．T の任意の頂点を v_1 とする．v_1 の次数は 2 以上なので，v_1 に隣接している頂点が存在する．それを v_2 とする．v_2 の次数は 2 以上なので，v_2 に隣接している頂点が v_1 以外に存在する．それを v_3 とする．これを続けていくと，頂点数は有限なので，いずれどこかで過去に出てきた頂点が再度現れる．初めて 2 度現れた頂点を v_i（その 2 度目の直前を v_k）とすると，v_i-v_{i+1}-$\cdots$-v_k-v_i は閉路である．よって，T が木であることに矛盾する．

2.3 頂点数に関する帰納法で示す．$n = 1$ の木は孤立頂点であり，枝数は $0(= n-1)$ なので成立する．$n = k$ のときに成り立つことを仮定して，$n = k+1$ のときに成り立つことを示す．頂点数 $k+1$ の任意の木を T とする．章末問題 2.2 より，頂点数 2 以上の木には次数 1 の頂点が存在する．T からその頂点と，それに接続する枝を取り去ったグラフを T' とする．T' は頂点数 k の木なので帰納法の仮定を使うことができ，T' の枝数が $k-1$ であることがわかる．T は T' より枝が 1 本多いので，T の枝数は $k(= n-1)$ である．これで $n = k+1$ の場合が示せた．

2.4 K_n はすべての頂点間に枝があるので，枝数は n 頂点から 2 頂点を選ぶ組み合わせの数に一致する．すなわち ${}_nC_2 = n(n-1)/2$ である．

（別解．頂点数に関する帰納法で示す．$n = 1$ のとき，K_1 は孤立頂点で枝数は 0 なので成立する．$n = k$ のときに成り立つと仮定する．すなわち K_k の枝数が $k(k-1)/2$ であると仮定する．K_k に頂点 v を一つ追加して，v から K_k のすべての頂点に枝を追加すれば K_{k+1} になるので，K_{k+1} の枝数は $k(k-1)/2+k = k(k+1)/2$ である．よって，$n = k+1$ についても成り立つことが示せた．）

2.5 以下の図の左下に太線で示した閉路の三つの枝は，いかなるカットでも最大 2 本

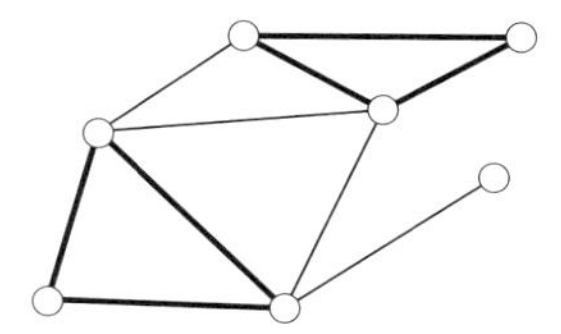

しかカット枝になれない．右上の閉路も同様である．したがって，いかなるカットでも 2 本はカット枝にならない．枝数は全部で 10 なので，カットのサイズは最大でも 8 である．

2.6　最大化問題について示す．入力を I とし，I の実行可能解のコストの取り得る範囲が $0\sim D$ とわかっていたとしよう．まず，入力 $(I, D/2)$ に対して「I の最適解のコストは $D/2$ 以上か？」という判定問題を解く．答が Yes であれば，I の最適値は $D/2\sim D$ の範囲にあることがわかる．答が No であれば，I の最適値は $0\sim D/2-1$ の範囲にあることがわかる．前者の場合は，次に $(I, 3D/4)$ に対して判定問題を解く．この結果により，最適値の範囲が $D/2\sim 3D/4-1$ の範囲にあるか，$3D/4\sim D$ の範囲にあるかがわかる．後者の場合は，次に $(I, D/4)$ に対して判定問題を解くと，最適値の範囲が $0\sim D/4-1$ の範囲にあるか，$D/4\sim D/2-1$ の範囲にあるかがわかる．このように，判定問題を 1 回解くことで，最適値の範囲を半分に絞ることができる．これを $\log_2 D$ 回繰り返せば，最適値を特定できる．

最小化問題も同様である．

■ 第 3 章

3.1　基準値より小さい数字と大きい数字に分割していたところを，基準値以下の数字と基準値より大きい数字に分割すればよい．

3.2　i 枚の円盤を杭 x から y へ移す手続きを Hanoi(i, x, y) と書く．$i=1$ のときは，単に円盤を x から y へ移せばよい．$i\geq 2$ のときは，x に刺さっている上から $i-1$ 枚の円盤を第 3 の杭 z に移しておき，一番下の円盤を x から y に移し，最後に z から y へ $i-1$ 枚を移動させればよい．この「$i-1$ 枚を移す」部分に再帰を使う．具体的に書き下すと，以下のようになる．問題を解くには Hanoi(n, A, C) を実行すればよい．

- Hanoi(i, x, y)
  - $i=1$ のとき
    - 円盤を x から y へ移す
  - $i\geq 2$ のとき
    - x でも y でもない杭を z とする
    - Hanoi($i-1$, x, z) を実行する
    - 1 枚の（最大の）円盤を x から y へ移す
    - Hanoi($i-1$, z, y) を実行する

第4章

4.1 以下のとおり．選ばれた枝は太線で示されている．(a) はコストは 13 で唯一解である．(b) はコスト 15 で，複数ある解のうちの一つを示している．

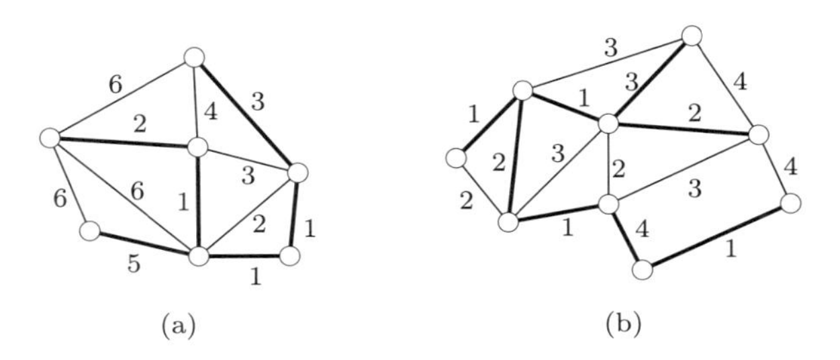

(a) (b)

4.2 修正すべきポイントだけを述べる．証明中で $c(T^{**}) < c(T^*)$ という矛盾を導けたのは，$w(b,g) < w(c,i)$ が成り立つからであった．もし同じ重みの枝が存在してよいとすると，$w(b,g) = w(c,i)$ の可能性を排除できない．この場合は $c(T^{**}) = c(T^*)$ であり，T^{**} も T^* と同じく最適解となり矛盾を導けない．ただしこの場合は，アルゴリズムの解 T^p と最適解 T^{**} において，最初の四つの枝が一致する．T^* においては最初の三つの枝が一致していたので，T^* よりも T^p に一歩「近い」最適解の存在を示せたことになる．

次に，T^* に対して T^{**} を考えたのと同じ議論を T^{**} に対しても行うと，さらに T^p に近い最適解が得られる．これを繰り返していくと，最適解を T^p と一致させることができ，T^p が最適解でないという仮定に矛盾する．

4.3 図のように完全マッチングを作る．マッチングに含まれる各枝において，両方の端点を独立頂点集合に選ぶことはできないので，独立頂点集合のサイズは最大でも 4 である．

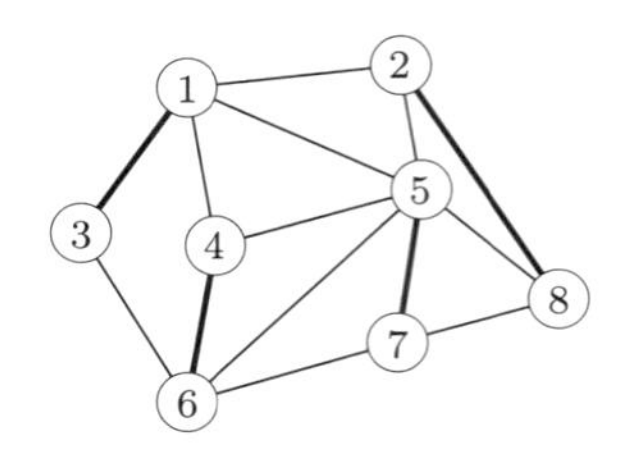

4.4 S において v はグレーで塗られたので，塗り方のルールより v の子のうち，少なくとも一つは黒で塗られている．v より下は S でも A でも塗り方が同じなので，A においてもその頂点は黒で塗られている．v は A では黒で塗られているので，A が独立頂点集合であることに矛盾する．

4.5 ナップサックの容量は 1000 g とし，価値が 2 で重さ 1000 g のアイテム 1 個

（a とする）と，価値が 1 で重さ 1 g のアイテムが 1000 個ある．貪欲法 1 は a を選んで終了し，価値 2 しか得られない．しかし最適解は，a 以外をすべて選んで価値 1000 を得る．

4.6　ナップサックの容量を 1000 g とし，価値が 2 で重さ 1 g のアイテム a と，価値が 1000 で重さ 1000 g のアイテム b がある．1 g 当たりの価値は，a が 2，b が 1 である．よって，貪欲法 2 は a を先に選ぶが，その後 b は入らないので，得られる価値は 2 である．最適解は b を選んで，価値 1000 を得る．

4.7　枝 $(1,4),(4,5),(5,1)$ をすべてカバーするためには，頂点 $1,4,5$ のうちから少なくとも 2 頂点必要である．同様に，枝 $(2,8),(8,9),(9,2)$ をすべてカバーするためには，頂点 $2,8,9$ のうちから少なくとも 2 頂点必要である．したがって，いかなる頂点被覆もサイズは 4 以上となる．

4.8　たとえば以下のグラフである．貪欲アルゴリズムは最初に中心を選んで，解のサイズが 4（左）となるのに対し，最適解のサイズは 3（右）である．

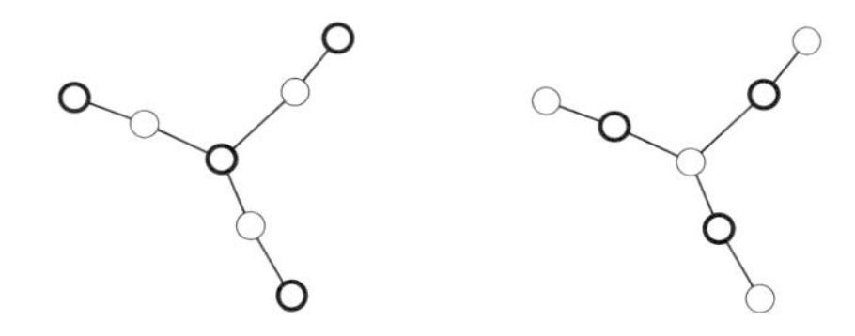

第 5 章

5.1　7 よりもよいコストを得ようとすると，8 個すべての節を充足させなければならない．$(\neg x_2)$ を充足させるためには $x_2 = 0$，(x_3) を充足させるためには $x_3 = 1$ としなければならないが，そうすると $(x_2 \vee \neg x_3)$ が充足されない．よって，8 個すべての節を充足させることはできず，7 が最大である．

5.2　たとえば，同じコストで近傍の関係にある二つの解 A と B があり，A や B の近傍はそれより悪い解ばかりだったとすると，局所探索法は A と B を行き来し続ける．

5.3　1 回の移動により，カットのサイズは少なくとも 1 大きくなる．カットのサイズは枝数を超えることはないので，$|E|$ 回以下の移動で終了する．

5.4　以下の図のとおり．左のカットを初期解として選ぶと，どの頂点を動かしても改

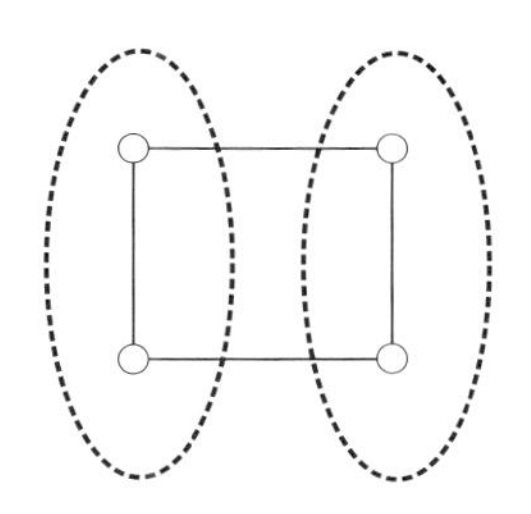

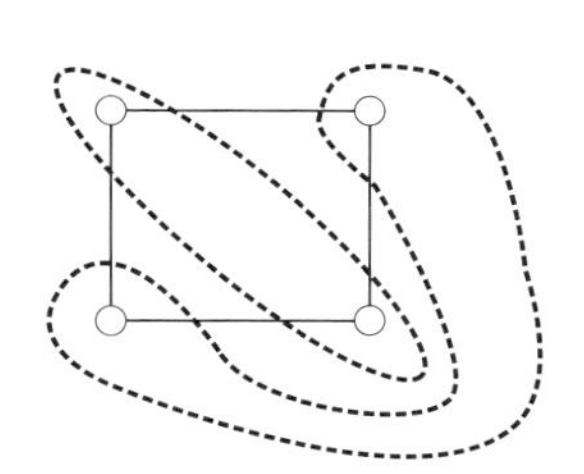

善しないので，局所最適解である．カットのサイズは 2 である．一方，最適解は右側で，カットのサイズは 4 である．

第 6 章

6.1　たとえば以下のグラフで，頂点内の数字が重みを表している．貪欲法は頂点の個数を最大にするので，重み 1 の頂点を二つ選んで，サイズ 2 の独立頂点集合を作る．最適解は重み 3 の頂点 1 個からなる．

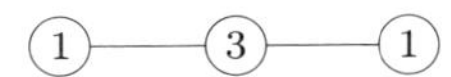

6.2　以下の図の太線で囲んだ頂点を選ぶ．最適値は 21 である．

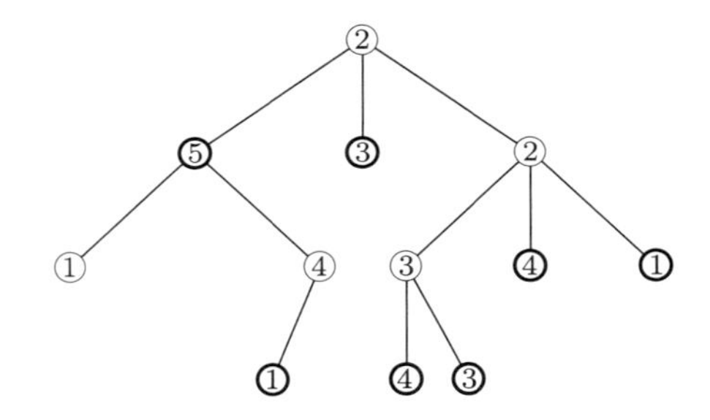

6.3　$j - w(a_{i+1})$ 部分が負になったということは，a_{i+1} はナップサックには入らないということである．つまり「a_{i+1} を選ぶ解」は存在しない．この場合は max の後者を無視して，単に $m[i+1, j] = m[i, j]$ とすればよい．または，表を左にある程度拡張して，j が負の部分はすべて 0 で埋めておくと，定義した式をそのまま使うことができる．

6.4　以下のように計算され，最適値は 21 である．

$m[i,j]$		j										
		0	1	2	3	4	5	6	7	8	9	10
i	1	0	0	0	0	9	9	9	9	9	9	9
	2	0	0	0	0	9	9	9	9	17	17	17
	3	0	0	0	6	9	9	9	15	17	17	17
	4	0	0	0	6	9	9	11	15	17	17	20
	5	0	0	4	6	9	10	13	15	17	19	21

6.5　$m[i,j]$ の値を計算するときに，それを達成するアイテムの選び方も計算して記録しておく．表 6.2 の例だと，$m[4,7] = \max\{m[3,7],\ m[3,4]+5\}$ であり，$m[3,4]+5$ が選ばれた．つまり，a_4 を使う選択をした．したがって，「$m[3,4]$ を達成するアイテム集合」に a_4 を加えたものを，「$m[4,7]$ を達成するアイテム集合」とすればよい．

もし $m[3,7]$ のほうが選ばれていたら，a_4 は使わない選択をしているので，「$m[3,7]$ を達成するアイテム集合」をそのまま「$m[4,7]$ を達成するアイテム集合」とすればよい．

6.6 たとえば以下の図のとおり．制約がなければ，a-b-a-c-a-d-a とたどってコスト 6 で巡回できる．制約があると，どうしても重み 100 の枝を通らないといけない．

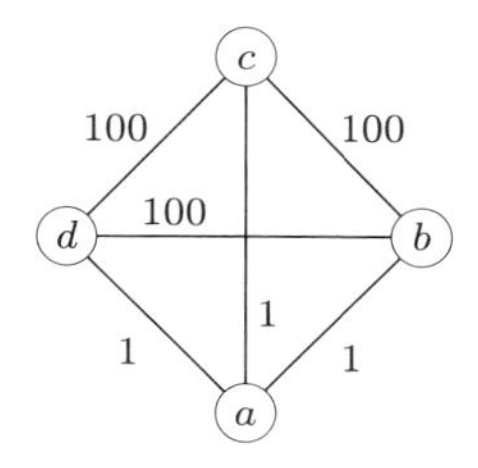

6.7 まず，$k \le n$ なので

$$\sum_{k=1}^{n-1} {}_nC_k \cdot k^2 \le \sum_{k=1}^{n-1} {}_nC_k \cdot n^2 = n^2 \sum_{k=1}^{n-1} {}_nC_k$$

である．次に，${}_nC_k$ は n 個のものから k 個のものを選ぶ組み合わせの数なので，$\sum_{k=0}^{n} {}_nC_k$ は n 個のものから何個かを選ぶすべての場合の数であり，それはちょうど 2^n である．よって，

$$\sum_{k=1}^{n-1} {}_nC_k < \sum_{k=0}^{n} {}_nC_k = 2^n$$

となる．以上を組み合わせれば，問題の不等式を示すことができる．

■ 第 7 章

7.1 最小頂点被覆問題の例題を (G,k) とし，G の頂点数を n とする．これを最大独立頂点集合問題の例題 $(G, n-k)$ に変換する．グラフは全く同じものである．変換は k を $n-k$ に変えるだけなので，多項式時間で可能なことは明らかであろう．次に，答を保存していることを示す．(G,k) の答が Yes だとすると，G にはサイズ k 以下の頂点被覆がある．頂点被覆に含まれない頂点の集合を C とすると，C のサイズは $n-k$ 以上である．また，C は独立頂点集合になっている．もしなっていなければ，C に含まれる二つの頂点 u と v に (u,v) という枝があるが，u も v も頂点被覆に選ばれていないので，枝 (u,v) はカバーされておらず矛盾である．よって，$(G, n-k)$ の答は Yes である．

次に，最大独立頂点集合問題の $(G, n-k)$ の答が Yes であるとすると，サイズ $n-k$ 以上の独立頂点集合がある．上と同じ議論により，この独立頂点集合に含まれない頂点の集合は，サイズ k 以下の頂点被覆になっている．よって，(G,k) の答は Yes である．この対偶を取ると，(G,k) の答が No なら $(G,n-k)$ の答も No であることが示せた．

7.2 最大独立頂点集合問題の例題を (G,k) とする．これを最大クリーク問題の例題 $(\overline{G},k)$ に変換する．$\overline{G}$ は G の**補グラフ**といい，頂点集合は G と同じで，G で枝のあるところには $\overline{G}$ では枝はなく，逆に G で枝のないところには $\overline{G}$ では枝がある．この変換は多項式時間で可能である．

(G,k) の答が Yes だったとすると，G にはサイズ k 以上の独立頂点集合がある．その独立頂点集合は，$\overline{G}$ ではクリークになっている．よって，$(\overline{G},k)$ の答も Yes である．同様に考えると，$(\overline{G},k)$ の答が Yes ならば (G,k) の答が Yes であることもいえ，この対偶を取ると，(G,k) の答が No ならば $(\overline{G},k)$ の答も No となる．

7.3 SAT の Yes と No を入れ替えた問題を UNSAT とよぶ．つまり，論理式 f が与えられて，f が充足不能なら Yes，充足可能なら No である．UNSAT で f の答が Yes ということは，f はどの変数割り当てでも少なくとも一つは充足できない節があるということである．すべての割り当てを Yes の証拠とすればよさそうだが，割り当ては 2^n 通りあるので，すべてを多項式時間ではチェックできない．つまり，証拠はあるのだが，証拠のサイズが入力サイズに対して大き過ぎるのである．UNSAT は NP には属さないだろうと予想されているが，まだ証明はされていない．このように Yes と No をひっくり返したら，問題のクラスが変わってしまう可能性がある．

また，詰め将棋のような問題も考えられる．たとえば盤面が与えられて，「これは 13 手詰めか？」を Yes/No で答える問題である．13 手で玉を詰ませる手順を証拠として与えることにすれば，証拠のサイズも小さいので一見よさそうである．しかし，その手順中に玉方が最善の逃げ方をしていることは，その証拠を見るだけではわからない．もしかしたら，下手な逃げ方をしているために 13 手で詰んでいるのであって，もっとよい逃げ方があるかもしれない．この手の問題も NP には属さないだろうと考えられているが，証明はされていない．

では，NP に属さないことが証明されている問題はあるのだろうか？　実は NP に属さないどころか，アルゴリズムでは解くことのできない問題さえある（そのような問題は，「**計算不可能な問題**」などとよばれる）．

■ 第 8 章

8.1 2 頂点と，それらを結ぶ枝からなるグラフである．アルゴリズムは 2 頂点とも選ぶが，最適解は 1 頂点のみを選ぶ．拍子抜けかもしれないが，悪い例や反例はできるだけシンプルなほうが，問題の本質を捉えていてよいのである．

8.2 以下のとおり．整数計画問題では 3 変数のうち最低二つは 1 にしなければならず，最適値は 2 になる．一方線形計画緩和問題では $0 \leq x_i \leq 1$ であり，$x_1 = x_2 =$

$x_3 = 1/2$ という解が制約を満たす．その目的関数値は $3/2$ である．なおこれは，3 頂点完全グラフ K_3 に対する最小頂点被覆問題を整数計画問題で表したものになっている．

$$
\begin{array}{rl}
\text{目的関数} & \text{Minimize} \;\; x_1 + x_2 + x_3 \\
\text{制約式} & x_1 + x_2 \geq 1 \\
 & x_1 + x_3 \geq 1 \\
 & x_2 + x_3 \geq 1 \\
 & x_i \in \{0, 1\}
\end{array}
$$

8.3 以下の図のとおり．頂点 1 はどちらに入れても同じなので，V_1 に入れるとする．2 もどちらに入れても同じなので，V_2 に入れるとする．すると，この後 3 と 4 をどちらに入れても，カットのサイズは 2 になる．一方，最適解は 1 と 2 を V_1 に，3 と 4 を V_2 に入れて，サイズ 4 のカットを得る．

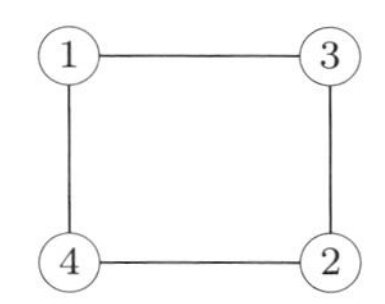

8.4 ナップサックの容量を 1000 g とする．アイテム a_1 は重さ 1 g，価値 2 で，アイテム a_2 と a_3 は重さ 500 g，価値 500 である．1 g 当たりの価値は a_1 が 2，a_2 と a_3 が 1 である．アイテムを詰めていくと，a_1 と a_2 が入り，a_3 ははみ出る．a_1, a_2 の価値は 502，a_3 の価値は 500 なので，貪欲法 3 は a_1, a_2 を選んで価値 502 を得る．しかし最適解は a_2, a_3 を選んで価値 1000 を得る．

8.5 たとえば以下の図のとおり．三角不等式を満たしていることは簡単に確認できる．ユークリッド TSP の例題でないことは，以下のようにしてわかる．長さ 2 の枝からなる 3 頂点を平面上に配置すると，正三角形になる．残りの 1 頂点は 3 頂点すべてから等距離にあるため，これを平面上に配置するには正三角形の重心しかないが，各頂点から重心までの距離は 1 を超えるため不可能である．

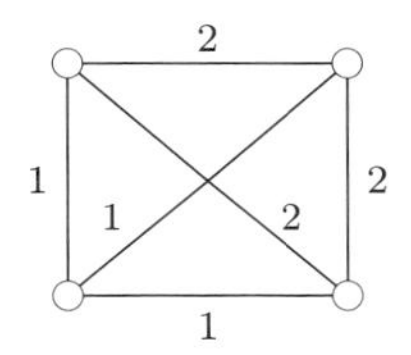

8.6 もし奇数次数の頂点が奇数個あったなら，すべての頂点の次数の和が奇数になる．しかし章末問題 2.1 で見たとおり，これはグラフの枝数の 2 倍になるので必ず

偶数のはずである．これは矛盾なので，奇数次数の頂点は必ず偶数個ある．なお，この議論は木に限らず成り立つ．

8.7　8.5 節のリダクションでは，図 8.10 の G で枝のないところには H には重み $n+1$ の枝を付けたが，この重みを $(r-1)n+2$ に修正する．G の答が No の場合は，H の最適値は $rn+1$ 以上となる．すると，本文中と同じ議論から，巡回セールスマン問題に r-近似アルゴリズムが存在すると P＝NP となることがいえる．

8.8　章末問題 8.7 と同様で，今回は図 8.10 の G で枝のないところには，H での枝の重みを 2 にする．重みが 1 と 2 しかないので，三角不等式を満たす．つまり H はメトリック TSP の例題となる．G の答が Yes ならば H の最適解は n で，G の答が No ならば H の最適解は $n+1$ 以上になる．メトリック TSP の最適解を返す多項式時間アルゴリズムがあれば，これは G の Yes/No を区別できるので，ハミルトン閉路問題を多項式時間で解けることになる．ハミルトン閉路問題は NP 完全なので，P＝NP となる．

■ 第 9 章

9.1　同一である．実際，x に $0,1,-1$ を入れて f と g の値を計算してみると，$f(0)=g(0)=-10$, $f(1)=g(1)=-24$, $f(-1)=g(-1)=-18$ となり，どれも一致する．ただし，本文中で説明したように，これだけでは確実に同一とはいえない．また，今回 $0,1,-1$ はランダムではなく手計算しやすさのために恣意的に選んでいるので，高確率で f と g が等しいと断言することもできない．

9.2　a として異なる値を $d+1$ 個選ぶ．もし $f(x)\neq g(x)$ ならば，$f(a)=g(a)$ を満たす a は高々 d 個しかないので，少なくとも一つの a で $f(a)\neq g(a)$ となる．よって，$f(x)\neq g(x)$ であると確実に判定できる．

9.3　a は確率 1/4 で 5 に，b は確率 1/3 で 7 になるので，c は確率 1/12 で 12 になる．これをすべてのパターンについて計算すると，c の振る舞いは以下の表のようになる．

c の値	12	7	10	5	11	6
確率	$\frac{1}{12}$	$\frac{1}{6}$	$\frac{1}{12}$	$\frac{1}{6}$	$\frac{1}{6}$	$\frac{1}{3}$

よって，

$$E[c]=12\cdot\frac{1}{12}+7\cdot\frac{1}{6}+10\cdot\frac{1}{12}+5\cdot\frac{1}{6}+11\cdot\frac{1}{6}+6\cdot\frac{1}{3}=\frac{23}{3}$$

となる．一方，$E[a]+E[b]=4+11/3=23/3$ となり，確かに一致する．

9.4　MAX E3SAT に対する乱択近似アルゴリズムと同様に，各変数に等確率 1/2 で 0 または 1 を割り当てる．今回は各節が充足される確率は $(2^k-1)/2^k$ なので，$E[y_j]=(2^k-1)/2^k$ となる．このとき $E[ALG(f)]=\{(2^k-1)/2^k\}m$ である．一方，$OPT(f)\leq m$ なので，平均近似度は高々 $2^k/(2^k-1)$ となる．

9.5 アルゴリズムはグラフの各頂点を確率 $1/2$ で V_1 に，確率 $1/2$ で V_2 に入れる．以下，近似度を解析する．グラフの頂点数を n，枝数を m とし，枝を $e_1, e_2, \ldots, e_m$ とする．枝 e_j がカット枝になったら 1，ならなかったら 0 を取る確率変数を y_j とする．枝 $e_j = (u, v)$ とすると，u と v が V_1 と V_2 のどちらに入るかで 4 通りの場合があり，それぞれ確率 $1/4$ で起こる．そのうち u と v が反対側に入る 2 通りで $y_j = 1$ となり，残りの 2 通りで $y_j = 0$ となるので，$E[y_j] = 1 \cdot 1/4 + 1 \cdot 1/4 + 0 \cdot 1/4 + 0 \cdot 1/4 = 1/2$ である．アルゴリズムが出力するカットのサイズを表す確率変数は $y_1 + y_2 + \cdots + y_m$ で，その期待値は $E[y_1 + y_2 + \cdots + y_m] = E[y_1] + E[y_2] + \cdots + E[y_m] = (1/2)m$ である．一方，最適解は m 以下なので，平均近似度は高々 2 である．

第 10 章

10.1 最適オフラインアルゴリズムは，$i = 1, 2$ の場合はその都度運賃を支払う．$i = 1$ の場合は 230 円，$i = 2$ の場合は 460 円である．$i = 3, 4, 5$ の場合は，最初の乗車時に一日乗車券を買って 600 円支払う．

k 回目の乗車時に一日乗車券を買うオンラインアルゴリズムは，k 回ちょうどバスに乗るとき，最適オフラインアルゴリズムとの比が最悪になる．そのときの支払い額は $230 \times (k-1) + 600 = 230k + 370$ 円である．$k = 1, 2$ の場合，最適オフラインアルゴリズムの支払い額は $230k$ 円で，比は $(230k + 370)/230k = 1 + 37/23k \geq 83/46 \simeq 1.804$ である．$k \geq 3$ の場合，最適オフラインアルゴリズムの支払い額は 600 円で，比は $(230k + 370)/600 \geq 1060/600 \simeq 1.766$ となる．よって，3 回目に買うアルゴリズムが最適で，その競合比は $53/30$ である．

10.2 右側の頂点 $2, 4, 5$ には，左側の一つの頂点 a しか隣接していない．したがって，$2, 4, 5$ のうち少なくとも二つはマッチさせられないので，マッチングサイズは最大でも 4 である．

10.3 図のようなグラフを考える．頂点 1 が来たとき貪欲アルゴリズムは a にマッチさせるため，頂点 2 はマッチさせられない．最適オフラインアルゴリズムは 1 を b に，2 を a にマッチさせてサイズ 2 を得る．つまり，貪欲アルゴリズムは最適オフラインアルゴリズムの 2 倍悪い解を得てしまう（勘のいい人は気づいたかもしれないが，本文中で任意のアルゴリズムの競合比が 2 以上になることを証明しており，ここでの例は，そのうち貪欲アルゴリズムに当てはまるケースになっている）．

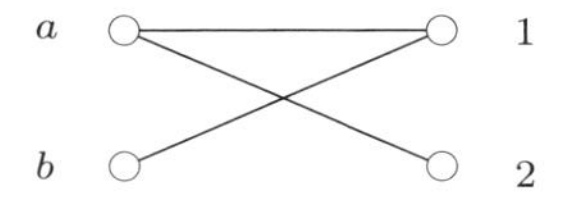

10.4 サーバーを 1, 2 とする．以下の図のような初期配置で，要求が点 x と y に交互に来る入力列を考える．最初に要求が x に来たとき，近いサーバー 1 を派遣する．その後は 1 が x と y を行ったり来たりして，入力列の長さに比例してアルゴリズムのコストは大きくなる．一方，最適オフラインアルゴリズムは最初の要求で 1 を x

に，次の要求で 2 を y に派遣する．すると，入力列がいくら長くなっても，これ以上サーバーを動かす必要はない．このように，最適コストは有限なのに，貪欲アルゴリズムのコストはいくらでも大きくなるため，競合比は定数では収まらない．

2　1　x　y

10.5 k 個のアルゴリズムの初期配置は異なる．A_i と A_j でサーバーの配置がある時点で異なっているとし，その次の要求点を x とする．この入力を処理した後も配置が異なっていることをいえば十分である．

（場合 1：A_i も A_j も x にサーバーがある）この場合はどちらのアルゴリズムもサーバーを動かさないので，処理後も配置は異なったままである．

（場合 2：A_i も A_j も x にサーバーがない）A_i と A_j はサーバーの配置が異なるので，共通で空いている点はない．よって，この場合はあり得ない．

（場合 3：A_i は x にサーバーがあるが，A_j はない）この場合は，A_j のみが動かすが，ルールより一つ前の要求点（y とする）に置いてあるサーバーを動かす．もしこれで配置が A_i と同じになるなら，A_i は最初 y にサーバーがなかったことになる．しかしそれは，一つ前の要求が y に来たのに y にサーバーがなかったことになり，矛盾である．よって x の処理後も A_i と A_j では配置が異なる．

以上，すべての場合を尽くしたので，命題が示せた．

索　引

さ　行

た　行

な　行

は　行

ま　行

や　行

ら　行

わ　行

著 者 略 歴

宮崎 修一（みやざき・しゅういち）

1993 年 九州大学 工学部 情報工学科 卒業
1995 年 九州大学 大学院工学研究科 情報工学専攻 修士課程修了
1998 年 九州大学 大学院システム情報科学研究科 情報工学専攻
博士後期課程修了（博士（工学））
1998 年 京都大学 大学院情報学研究科 通信情報システム専攻 助手
2002 年 京都大学 学術情報メディアセンター 助教授
2007 年 京都大学 学術情報メディアセンター 准教授
現在に至る
2022 年 兵庫県立大学 情報科学研究科/社会情報科学部 教授

編集担当 富井 晃・植田朝美（森北出版）
編集責任 上村紗帆（森北出版）
組 版 三美印刷
印 刷 同
製 本 同

アルゴリズム理論の基礎

2019 年 8 月 23 日 第 1 版第 1 刷発行
2023 年 8 月 10 日 第 1 版第 2 刷発行

著 者 宮崎修一
発 行 者 森北博巳
発 行 所 **森北出版株式会社**
東京都千代田区富士見 1-4-11（〒102-0071）
電話 03-3265-8341／FAX 03-3264-8709
https://www.morikita.co.jp/
日本書籍出版協会・自然科学書協会 会員
JCOPY ＜（一社）出版者著作権管理機構 委託出版物＞

落丁・乱丁本はお取替えいたします．

Printed in Japan／ISBN978-4-627-81851-4